MANUAL DO PILOTO DE DRONE

Señor Hornero

ÍNDICE

Página do título
Introdução
Dicas práticas para voar com segurança — 1
5 principais lições aprendidas em 2 anos como piloto certificado pela ANAC (CE-VANT 8) — 7
Como se manter saudável ao viver a vida do drone — 11
Dicas e truques para calibrar corretamente sua IMU e garantir um voo seguro — 15
The Compass: Como lidar com a interferência magnética do drone e evitar um acidente — 17
Como praticar vôo de precisão (sem quebrar seu drone) — 19
Drones no inverno: melhores práticas para clima frio — 21
Novas tecnologias : devem usar drones para inspeção e manutenção de moinhos de vento? — 25
Os melhores drones para voar ao vento — 28
Drones sobre ruas e tráfego em movimento — 30
O que você precisa saber antes de pilotar seu drone de um veículo em movimento — 32
Vida útil da bateria do drone: como aproveitar ao máximo a bateria do seu drone LiPo — 35
Conheça bem o seu DJI Drone: um guia do comprador — 39
Algumas dicas para comprar um drone usado. — 43
10 ferramentas essenciais para pilotos comerciais de drones — 46
Como os drones estão ajudando a alcançar maior sustentabilidade. — 50
Como usar drones para inspeções de linhas de energia — 53

Como a tecnologia drone pode ajudar a garantir melhor segurança e vigilância	56
Integração de drones em investigações de acidentes ferroviários, rodoviários e aeronáuticos.	58
As melhores câmeras termográficas para drones	62
Como selecionar o aplicativo de mapeamento certo para o seu serviço de drone.	63
5 melhores práticas para lidar com pilotos não licenciados	66
Como fazer um incrível demo-reel de drone	69
Como gravar e rastrear seus voos de drone	74
Armazenamento de arquivos e soluções de fluxo de trabalho de processo para pilotos de drones para ev	76
Armazenamento de dados de drones	PCs, discos rígidos, placas gráficas e muito mais…	79
Os cartões SD podem ser corrompidos? Como faço para evitar isso?	81
Epílogo	83

INTRODUÇÃO

Este livro é um projeto do Señor Hornero (CE-VANT 8) O serviço de drones mais seguro da América Latina, um serviço profissional, seguro e legal.

Acredito firmemente que existe uma cultura de silêncio em relação a quem pilota drones sem os devidos papéis e sem respeitar a autoridade aérea. Essa cultura de silêncio pode ser combatida por meio da conscientização, debate e reflexão. Este livro busca esclarecer muitas dúvidas. e criar um comunidade assente no profissionalismo, segurança e legalidade, de forma a construir um espaço aéreo onde todos ganhemos com a aprendizagem e o respeito mútuo.

Ao longo do livro, tratarei de diferentes tópicos em uma ordem específica. Acho que esse é um guia básico do que todo piloto precisa para se iniciar no mundo dos drones e se for curioso o suficiente, complete seus espaços de pesquisa com buscas pessoais ou mesmo acessando o *podcast "Hornero Podcast"* onde ele fala sobre diversas práticas tópicos, com absoluta sinceridade todas as semanas.

> *"Em algum momento, todos nós temos que escolher, entre o que o mundo quer que você seja... e quem você é"*

DICAS PRÁTICAS PARA VOAR COM SEGURANÇA

Dica #1 – Monitore a voltagem da bateria do seu drone

Você está procurando o indicador certo para sua bateria? Um dos maiores problemas que vejo com pilotos de drones o tempo todo é que eles não dão a devida importância ao tempo de voo que ainda lhes resta. Além disso, eles não levam em consideração os fatores ambientais ao tentar descobrir qual é o tempo de voo restante real.

Dito isto, existe um indicador real que lhe dará uma compreensão muito, muito firme de exatamente quanta bateria resta em seu drone, e não é a porcentagem de bateria. A porcentagem da bateria não fornece uma representação precisa de quanta energia resta para permanecer ligada voar.

A TENSÃO DA BATERIA é o verdadeiro indicador [1] do que é possível com o drone . Muitos dos drones exibem a voltagem da bateria e, geralmente, os drones de consumo exibem a voltagem da bateria por célula individual. Como a maioria deles é de íons de lítio, polímero de lítio e Li-HI e operam dentro de uma determinada faixa de voltagem, é muito fácil entender quando é um momento seguro para voltar para casa. Quer esteja 20 graus ou 100 graus lá fora, seu voo será limitado se estiver muito frio ou muito quente. Então, como você saberá se a porcentagem de sua bateria informa com precisão quanto tempo de voo lhe resta?

Pela tensão da bateria; Por isso, comunico a toda equipe do **Señor Homero** sobre a importância de verificar a tensão da bateria e como visualizá-la na tela principal. No DJI, basta clicar na porcentagem da bateria, rolar até o final do menu e ativar *"Mostrar tensão na tela principal"* . Quando a tensão é de 3,60 volts, você sabe que é hora de voltar para casa. Embora os 3,60 volts garantir tempo de voo suficiente, independentemente da temperatura, para voar pelo menos entre 450 a 600 metros de *"pista para chegar em casa "*; recomendo trabalhar com extrema segurança, pois relaxe e confie sem escrúpulos na função inteligente de retorno ao *lar* e todas as outras baterias configurações geraram incidentes com aparelhos e pessoas. indicador de reserva, permitiu-me evitar aqueles custosos acidentes nos voos.

EXEMPLO #1: Em um voo noturno torna-se impossível para os sensores ópticos detectar corretamente os obstáculos, então, em um retorno inteligente, por falta de bateria, com vários prédios ou árvores no caminho, o drone não irá detectá-los e você terá um acidente segurado

EXEMPLO #2: Num voo diurno, onde embora possamos confiar um pouco mais nos nossos ópticos, devemos ter em conta que muitas vezes os edifícios de vidro tendem a confundir o equipamento e fazê-lo continuar em linha recta reflectindo o horizonte do retrocesso da equipe. Assim, o drone vai direto para a estrutura, colidindo diretamente com ela.

Dica #2 - Observe as TRÊS Regras para uma decolagem segura do drone

Esta dica prática é sobre proteger você e o drone durante a decolagem. Esta palestra é apoiada por horas de pesquisa teórica meticulosa e experiência do mundo real, e você não encontrará algo que reúna os dois no YouTube. Se você espera aprender a ser um piloto profissional no YouTube, não terá dados validados e poderá ver apenas uma performance.
Dito isso, vamos repassar as duas primeiras regras de decolagem e revelarei a terceira porque é uma das mais importantes e um dos segredos do Sr. Homer.

Regra número 1 : Sempre decole contra o vento.

Por que deveria sempre decolar na mesma direção do vento? em primeira instância, porque aumentará o empuxo. E número dois, ajudará você a fazer isso rapidamente e diminuirá a propensão a erros durante a decolagem.

Regra número 2: o drone e o piloto devem SEMPRE ter a mesma orientação.
Os olhos do piloto e a câmera do drone devem olhar para o mesmo ponto cardeal

Por que isso é importante?

Eu te conto uma pequena história. Uma vez eu estava filmando uma pequena produção do INCAA em Avellaneda com um produtor que ainda é um dos meus bons amigos. Ele colocou seu drone em cima de uma caixa de DJI Phantom 4s; e posicionou-o à sua frente em vez de orientá-lo com a câmera voltada para a mesma direção do operador.

Falei com ele e disse: *"Você pode querer virar o drone porque quando você o coloca com a câmera voltada para você, os sticks de rotação e inclinação são invertidos"*.

Ele disse: *"Oh, não, estou bem."*

Ele começou a decolar e...... atingiu a perna de um dos membros da equipe do **Señor Hornero** , Lautaro. Um incidente evitável, lamento muito Lautaro!

Felizmente não foi um grande estrago, mas demonstra a importância da segunda regra de decolagem. O drone e o piloto devem ter sempre a mesma orientação. Porque se houver uma rajada de vento e alguém estiver perto da área de decolagem, você poderá reagir rapidamente porque os controles estão na mesma posição da sua visão. Se o drone estiver voltado para o lado oposto, você não terá tempo de perceber isso e acabará cometendo um erro e quebrando o drone.

<u>Regra número 3</u> : apenas para membros do Señor Hornero

A terceira regra da decolagem é levantá-la 10 metros na potência máxima.

Isso está relacionado ao próximo capítulo, onde são descritos os tópicos da bateria.

A decolagem acelerada até aquela altura é utilizada para determinar se a bateria do equipamento está em boas condições. Caso contrário, esta ação esgotará a bateria em um instante, você a verá imediatamente e poderá devolver o drone, pousá-lo e substituí-lo por uma bateria boa.

<u>Dica #3 - Cuidado com a interferência magnética</u>

Quando você está em campo, preparando-se para voar em um determinado local, quais são as primeiras coisas a fazer? Instruo a equipe do Señor Homero a procurar fatores que possam atrapalhar o voo. Que potencial interferência sem fio ou interferência magnética poderia causar problemas significativos ou efeitos adversos aos drones? Existem fios em torno de linhas de energia ou um grupo de pessoas em uma determinada direção?

Observar sistematicamente todos os diferentes obstáculos no ambiente operacional é essencial antes da decolagem.

Agora que você revisou o ambiente, meça o AMDO.

<u>Dica #4 - Determine o AMDO</u>

AMDO significa Altitude Mínima de Desobstrução de Obstáculos. Esta é essencialmente a altitude mínima que precisamos definir em nosso *Return Home* . Com qualquer drone que você esteja usando nesta indústria, você precisará medir o AMDO, trazer o drone para casa e definir a altitude de retorno para casa. Isso o salvará de acidentes, ferimentos e danos ao seu drone.

Dica #5 - Prepare um plano de resposta a emergências

Qual seria outra dica prática para voar? Como na aviação tripulada, você deve passar por algum tipo de treinamento de resposta a emergências. Esse treinamento significa que um piloto formal e responsável cuidará de evitar emergências e, embora tenha capacidade de mitigar danos, seu objetivo deve ser que os adversos tendam a 0. Isso é que é um voo seguro.

Então, por exemplo, o que você deve fazer para não bater em alguma coisa?

A maioria de vocês me diria rindo: "Mark, nunca pensei nisso."

Um grande erro.

Bem, deixe-me lembrá-lo deste pequeno ditado: "*Polegar para cima* ". Assim é.

Quando, devido a mudanças nas condições climáticas, o drone desaparece do campo visual ou devido a um problema técnico, não pode ser visto na tela, digo *polegares para cima*. Se avalio que algo vai acontecer, elevo o comando estendendo braços e antebraços, no time chamamos de manobra *"thumbs up"* , isso serve para aumentar temporariamente o AMDO, e minimizar as chances de travamentos durante essas adversidades . Muitas vezes isso salvou minha equipe; e associo isso à temperança e ao otimismo.

Dica #6 – Invista em treinamento de drones de qualidade

Se você não quer arriscar em vão sua renda futura, as finanças de sua família e a chance de desenvolver uma profissão cativante, acredito piamente que toda pessoa deveria fazer pelo menos uma aula presencial.
precisa aprender com quem conhece a teoria mas com muita experiência prática , que conhece de perto o que está acontecendo

e pode passar por todas as funções envolvidas no voo para ver a situação real.

Além do conhecimento técnico , há toda uma série de habilidades emocionais necessárias. [2]

Você pode saber muito. Mas, existe uma grande diferença entre " *Saber* " e " *Fazer* ".

Participar de uma aula de "Maestria de Voo" ajudará você a criar HÁBITOS [3] e ROTINAS [4] para operações de drones verdadeiramente seguras.

Planejar o trabalho para voar com segurança é um imperativo para se posicionar no trabalho, uma exigência das normas nacionais e internacionais, e uma forma de respeito social, para que essa profissão não seja estigmatizada por interferências, danos, deteriorações, lesões que tenham causado drones que não são manuseados de acordo com o protocolo.

Agir com segurança, usando todas as informações necessárias para saber voar, permite que você o faça com mais habilidade. Eu acho que isso é essencial.

5 PRINCIPAIS LIÇÕES APRENDIDAS EM 2 ANOS COMO PILOTO CERTIFICADO PELA ANAC (CE-VANT 8)

Passaram-se rapidamente estes dois anos desde que iniciei o **Señor Homero**; e esta prática permanente em vários territórios e áreas de aplicação dos drones que tive a oportunidade de realizar, me permitiu coletar uma série de lições que posso compartilhar para contribuir com melhorias no desempenho do coletivo argentino de drones.

As disposições da ANAC, e de outras entidades que regulam o espaço aéreo no mundo, enquadram as ações de milhares de pilotos que ingressam no espaço aéreo; e o fervor de sempre realizar a práxis dentro dessas normas, me deu um variado leque de experiências.

Embora as coisas tenham sido difíceis às vezes, cada desafio me deu uma oportunidade de aprendizado.

A seguir estão as principais lições que aprendi desde que mergulhei de cabeça no reino das operações comerciais de UAV (5).

<u>Relacionamentos são a chave para encontrar o sucesso como piloto certificado.</u>

Este ponto não pode ser subestimado. Sua carreira como piloto certificado só irá até onde sua capacidade de se conectar com as pessoas permitir.

A maioria das oportunidades que tive de voar em lugares incríveis foram possíveis graças à ajuda de alguém. De um pedido especial através de um contato local ou um piloto que me avisou ou repassou seu trabalho: Valorizar cada relacionamento é crucial.

Domine um nicho

Em vez de tentar fazer muitas coisas em um nível básico de proficiência, vale a pena se tornar um especialista em uma delas. O dito "George de todos os ofícios, mestre de nenhum" é especialmente relevante na profissão de UAV. Existem tantas maneiras possíveis de os drones serem usados para fins comerciais que é tentador tentar cobri-los todos.

Em vez disso, concentrar-se em uma área e ser específico no escopo dos serviços a serem prestados cria uma expertise que não pode ser igualada por "todos".

É mais proveitoso ser conhecido como um especialista em um campo e, ocasionalmente, sair dos limites do nicho para um pedido especial do que tentar fazer tudo o que aparecer no seu caminho.

voar seguro

Embora as sanções atualmente aplicáveis sejam poucas e distantes entre si, é importante voar com segurança e ficar à frente da curva. Internalize uma série de planos de contingência para as suas situações habituais de voo e crie as suas *check lists* que lhe permitem controlar e documentar os cuidados que são contemplados em cada dia do seu trabalho com o drone.

Compilei mais dados que expandem essas recomendações no *"Hornero Podcast";* especialmente se você estiver mais interessado no audiolivro do que no que está escrito. Essas precauções práticas, mas muitas vezes negligenciadas, podem fazer toda a diferença na proteção do seu investimento.

O Sr. Hornero é um defensor da segurança, dedicando sem dúvida o seu tempo à organização protocolar de controlos dos elementos, abastecimentos e funções; vai te colocar em outro nível. O meu compromisso empresarial é fornecer a cada trabalho, todos os recursos necessários para um dia controlado e seguro.

<u>melhorar a cada dia</u>

Sem esforço para melhorar, outros profissionais famintos da *comunidade de drones* lhe darão uma vantagem óbvia. Estar atento, em constante aprendizagem e não ser demasiado orgulhoso, admitindo a necessidade de mais formação numa determinada área, irá conduzi-lo a um nível crescente de actividade de qualidade.

<u>O mais importante, voe!</u>

A aprendizagem experiencial, isto é aprender fazendo, tem o feedback (retorno) como uma boa estratégia de avaliação formativa: não tenha medo de pegar o drone de bolso e voar pelos obstáculos em casa. Se você conseguir controlar um drone pequeno, os modelos comerciais maiores não parecerão tão difíceis de manobrar.

Do lado comercial, buscar clientes e trabalhar para aumentar seu valor para eles é uma tarefa contínua. A incorporação de habilidades técnicas, como processamento de mapas, permitirá que você combine esse novo *know-how* com habilidades de pilotagem para criar uma nova base de clientes e das apresentações do trabalho final.

<u>seja um profissional</u>

Outra lição importante de dois anos como operador comercial com o CE-VANT 8 é ser um profissional em todos os aspectos. Sempre pareça um empresário ou empresária confiável e, no campo, respeite o tempo de todos.

Chegue no horário e trate o público como embaixador de todos os pilotos da ANAC [6] ou de outras entidades aeronáuticas, mesmo a situação de trabalho não é das mais organizadas ou aparecem indivíduos rudes. Houve muitas ocasiões em que as pessoas se aproximaram de mim sem tato e de forma agressiva enquanto eu estava voando, e consegui amenizar a situação simplesmente mostrando cortesia e respeito. básico.

Como operador de negócios em um setor relativamente novo, algumas pessoas expressarão apreensão, medo e incerteza sobre o que todos nós fazemos. Cabe a todos nós sermos os únicos a mudar suas percepções com gentileza e informações claras.

COMO SE MANTER SAUDÁVEL AO VIVER A VIDA DO DRONE

Viver a vida do drone vem com um conjunto único de oportunidades e desafios. Algumas vantagens: ser seu próprio patrão e fazer o que mais gosta (comentou no Homero Podcast). Mas também existem alguns desafios com os quais você deve lidar; um deles é, como se manter saudável.

Neste capítulo, sugiro algumas dicas frequentemente negligenciadas para manter você e seu negócio de drones saudáveis.

Come bem

Se você é como eu e adora comida, pode acabar comendo apenas junk food e sobremesas enquanto estiver em movimento; mas fazê-lo continuamente é uma receita certa para adoecer.

O corpo e o drone são uma unidade de trabalho. Essa unidade é ainda mais importante do que em outros trabalhos.

A boa saúde do piloto influencia diretamente na capacidade de produção individual; e a deterioração da saúde prejudica o bem-estar próprio e familiar, esta situação adquire maior relevância no caso dos trabalhadores independentes, ainda mais se o trabalho incluir deslocações, permanência ao ar livre, climas diferentes, turnos nocturnos, mudança de horário contra o ritmo circadiano.

Embora não possamos dizer que é um trabalho em condições extremas, posso afirmar que é necessária uma boa condição musculoesquelética e resistência à amplitude térmica; apoiado por um equilíbrio calórico e proteico e treinamento físico.

Enfrentar os dias de trabalho não favorece que você fique com fome por muito tempo. Ter pouca comida à mão garante que seu metabolismo permaneça alto e que você possa continuar um dia que se estenda mais do que o planejado, ou que ter a duração programada apresente contingências climáticas que alterem o biorritmo (noite, frio).

Quando você não planeja sua ingestão e passa fome por um longo período de tempo, comerá demais quando tiver a oportunidade de fazê-lo e isso levará ao ganho de peso. O excesso de peso nunca será gratuito para o piloto: afeta a capacidade de trabalhar em locais íngremes, diminui a agilidade para entrar em pontos de saída estreitos ao partir de um edifício (por exemplo, uma varanda ou pequena janela de um palácio gótico, uma catedral, ou a casa rosa) Eu recomendo trazer garrafas de água recicláveis, águas com sabor natural (como menta ou limonada de gengibre), frutas e nozes. Durante um dia de 8 horas você deve beber pelo menos 750 ml de água ou alguma infusão, a desidratação causa tontura e fadiga. Se a temperatura ultrapassar os 27º C, a necessidade de água duplica, devido às perdas insensíveis.

A alimentação exige muito planejamento mas é preciso cuidar bem do seu corpo e do seu negócio de drones.

Reduza a ingestão de açúcar

O açúcar refinado é extremamente prejudicial ao seu corpo. Uma ingestão elevada de açúcares transforma-se em gorduras e este é um fator de risco para a pressão arterial; danos às artérias, todos os quais levam a doenças cardíacas.

O açúcar refinado é extremamente viciante, seja adicionado ao café, refrigerantes, bolos e doces. Recentemente, li sobre um estudo [7] que tentou determinar o quão viciante é o açúcar, e os resultados foram chocantes. Neste estudo, os cientistas deram a ratos de laboratório a escolha de beber água com infusão de cocaína ou água com açúcar. E adivinha? Os ratos eram mais propensos a beber água com infusão de açúcar! [8]

Então, como você pode reduzir sua ingestão de açúcar? Para começar, comece a trazer comida saudável e lanches em vez de escolher fast food.

Outra coisa que você deve reduzir é o consumo de refrigerantes. Uma lata de refrigerante de 330 ml contém 35 g de açúcar.

Isso equivale a 7 colheres de chá de açúcar ou 150 calorias! Além disso, beber esses refrigerantes não gera saciedade, leva ao ganho de peso; e a hidratação não é adequada porque o corpo não consegue aproveitar o líquido dessas bebidas. A água não pode ser substituída por refrigerantes à base de cola ou sucos industrializados, o cérebro não funcionará da maneira que você precisa para sua tarefa.

Se você está muito acostumado a tomar café com açúcar, recomendo que comece substituindo o açúcar comum por outras variedades de adoçantes com menos sacarose, e vá treinando gradativamente o seu paladar para apreciar o sabor natural das infusões. Obter café de alta qualidade ajudará você a fazer essa mudança.

fique hidratado

Como piloto que administra seu negócio de drones, você voará em dias quentes. Quando está calor, você sua e perde mais água corporal. Seu corpo depende da água para sobreviver [9]. E estar desidratado afetará seriamente sua capacidade de trabalho. produtivamente.

A hidratação durante o verão terá que ser com bebidas que contenham minerais, pois o suor nos faz perder água e sais. A reidratação tem que ser com soluções isotônicas, e não apenas com água que é hipotônica.

Então, como você sabe que está desidratado? O primeiro sinal de desidratação é a boca seca. Mas você não deve chegar a este sinal, porque a desidratação já está em andamento. É preciso beber de forma planejada, principalmente ao ar livre e em climas quentes, pois aos 400 ml de perda por respiração, se somará a evaporação pela pele, que sobe de 500 ml para mais de 1500 ml na transpiração em um dia de verão.

Outro sinal de desidratação são as cãibras musculares. A perda de água faz com que nossos músculos se cansem mais facilmente. À medida que o processo de desidratação avança, aparecem tonturas e dores de cabeça. Além de ser prejudicial à sua saúde, esse processo afetará claramente a qualidade do seu dia de trabalho.

em louvor do lazer

Alguém tentando configurar um serviço de drone precisa lidar com muitas facetas de um negócio. Quando não estiver voando, estará procurando clientes ou trabalhando para construir uma presença na mídia social. Com tanto para fazer, há uma forte tendência para continuar a trabalhar... e nunca tirar folgas.
Mesmo que você ame o que faz, mais cedo ou mais tarde você vai se esgotar. Uma descarga de adrenalina só pode mantê-lo por tanto tempo. Mais cedo ou mais tarde, você esgotará suas glândulas supra-renais e se sentirá cansado e aborrecido. Arranje tempo para ler um livro, correr, caminhar, praticar um esporte, fazer ioga ou meditar, o que quer que lhe agrade e torne esse tempo sacrossanto. Se preciso tomar uma decisão difícil, geralmente o faço depois de algumas horas de treino na Academia, minha mente fica livre de ruídos externos, posso me concentrar em minhas necessidades e desejos, e isso me ajuda a ver através de tudo. confusão.

DICAS E TRUQUES PARA CALIBRAR CORRETAMENTE SUA IMU E GARANTIR UM VOO SEGURO

Entendendo a IMU (Unidade de Medição Inercial)

É importante calibrar a IMU, se não estiver calibrada corretamente o drone pode travar. A unidade de medição inercial dimensiona mudanças de inclinação, rotação e guinada usando giroscópios, um dispositivo que mede a velocidade angular. Atualmente, os drones têm estabilização de giroscópio de três e seis eixos que transmite constantemente informações de navegação para o ESC. O ESC (Controle Eletrônico de Velocidade, Controle Eletrônico de Velocidade) determina o impulso e a velocidade do equipamento.

Um giroscópio de seis eixos é uma combinação de giroscópio e acelerômetro para detectar inclinação e movimento. A linha *Inspire* possui um giroscópio de seis eixos.

Quando você deve calibrar a IMU?

Saber calibrar a IMU é obrigatório. Se o seu drone não estiver voando corretamente ou a filmagem do drone não estiver à altura, talvez seja hora de realizar uma calibração IMU. Esta calibração é uma parte relevante do sistema de verificação pré-voo. A recomendação é calibrar sempre que comprar um drone ou após uma atualização de firmware.

Quais são alguns dos sinais de atraso na calibração da IMU? Um primeiro sinal é quando você vê o drone girar em seu próprio eixo sem ser comandado: seu drone começa a balançar em um movimento circular com o braço interno inclinado para baixo. O segundo sinal é quando você vê uma linha do horizonte à deriva, e isso pode ser uma grande dor de cabeça durante a pós-produção. Idealmente, deseja-se um horizonte sem ângulo.

Você pode calibrar sua IMU dentro de casa?

Outra pergunta que os pilotos de drones costumam fazer é se a calibração pode ser feita dentro de casa. Isso depende se o ambiente estiver livre de interferências, como uma cabana de toras, e se você puder realizar a calibração em ambientes fechados. No entanto, se você estiver voando dentro de uma estrutura de concreto, as barras de aço irão causar interferência, impossibilitando a calibração.

Permitido: Calibre sua IMU a pelo menos 15 metros de distância de qualquer aço.

Além da interferência estrutural, há também a interferência de aparelhos eletrônicos, como celular e relógio inteligente.

Explique ao cliente sobre os benefícios do IMU.

Apesar das muitas vantagens de calibrar a IMU, essa importante etapa do processo costuma ser negligenciada por muitos pilotos de drones. Se você for sistemático nessa verificação e mostrar ao cliente as diferenças de imagem, apontando as mudanças qualitativas, certamente convencerá um cliente preocupado com a qualidade a contratá-lo.

Lembrar:

Não calibre IMU perto de objetos metálicos ou eletrônicos: eles geram interferência.
Não execute calibração de IMU entre edifícios.
Explique as diferenças qualitativas aos clientes.
Calibre a IMU em uma temperatura mais baixa para economizar tempo.
Calibre a IMU em uma superfície nivelada.

THE COMPASS: COMO LIDAR COM A INTERFERÊNCIA MAGNÉTICA DO DRONE E EVITAR UM ACIDENTE

Você está calibrando a bússola em uma área livre de interferência magnética do drone?

Ao calibrar sua bússola, você leva em consideração todas as interferências magnéticas do drone ao seu redor. Portanto, quando você calibra em uma área sem levar em consideração a interferência magnética, isso levará a dados incorretos da bússola. A recomendação é calibrar a bússola a 16 km de distância, em uma área pouco desenvolvida, como um campo aberto.

Dica profissional : Se você estiver calibrando sua bússola em uma superfície de concreto, esteja ciente de que pode haver vergalhões de aço embutidos no concreto que podem levar a dados de calibração ruins.

Nunca voe no modo GPS entre edifícios altos

Puerto Madero é conhecido pela má qualidade do sinal. Prédios altos com toneladas de aço e linhas de energia subterrâneas, isso significa uma grande chance de perder o sinal quando você estiver voando no modo GPS. O sinal de GPS vai ricochetear em prédios altos e você acabará tendo uma margem de erro. O drone tem grande probabilidade de voar nessa *margem de erro...* que normalmente é o próprio prédio.

Determine AMDO para definir a altitude RTH correta

AMDO é a altitude mínima de eliminação de obstáculos. AMDO envolve a identificação da estrutura mais alta do bairro. Além de edifícios, atente para equipamentos de construção como guindastes de torre. Depois de determinar AMDO, defina seu *Retorno à Altitude de início* (RTH) acima de AMDO. Isso garantirá que você não bata seu drone enquanto voa de volta.

Use " *Veja e evite* " para evitar obstáculos

Essa é outra maneira de evitar uma possível queda do drone. Os sistemas de visão frontal e traseira do drone permitem *"ver e evitar"*. Ativar ver e evitar no modo Return to Home fará com que seu drone flutue ao ver um obstáculo.

No entanto, esta não é uma solução infalível. Às vezes, seu drone não pode " *ver* " superfícies brilhantes como metal ou, neste caso, janelas de vidro.

Use escudos de suporte em áreas com interferência magnética de drones pesados.

Usar protetores de hélice é outro truque que pode ajudar a evitar acidentes quando você estiver voando em uma área com forte interferência magnética de drones. No caso de um leve golpe, seus protetores de hélice podem ajudá-lo a proteger seu drone. Eles são úteis quando você voa em áreas difíceis como Puerto Madero ou centro de Buenos Aires com forte interferência. No entanto, o uso de protetores de rolamento resultará em um coeficiente de arrasto muito maior. superior.
Eu recomendo praticar com proteções antes de usá-las em um trabalho.

<u>Dica profissional</u> : o sistema de desvio de obstáculos na *linha Phantom* é desativado quando você usa proteções de suporte.

COMO PRATICAR VÔO DE PRECISÃO (SEM QUEBRAR SEU DRONE)

Eu tenho alguns obstáculos

obstáculos de corrida são a melhor ferramenta que você pode usar para praticar o vôo de precisão. Eles são extremamente úteis. São obstáculos pré-fabricados projetados para ajudá-lo a praticar voos sem quebrar ou danificar seu drone. Ao contrário de uma janela ou das portas de sua casa, os obstáculos de prática cairão quando você os atingir. Por esse motivo, você nunca precisa se preocupar com danos totais, falha de uma ou duas hélices, mas o corpo do seu drone ficará bem.

Pratique com um drone mais barato

Se você acabou de comprar um Mavic ou Phantom, provavelmente não quer praticar vôo de precisão com isso. Obviamente, quebrar um desses drones vai prejudicar seu bolso. Em vez disso, pratique com seu drone antigo ou compre um mais barato para treinamento. Depois de dominar o vôo de precisão com um drone mais barato, você se sentirá muito mais confiante em voar com um drone de última geração.

Se você não pode perder o drone e não tem certeza de suas habilidades, espere e treine até se sentir mais preparado.

Auto confiança

Como acontece com qualquer atividade na vida, os obstáculos mentais são as coisas mais importantes no caminho da realização. Especialmente quando se trata de pilotar drones de precisão, você precisa criar confiança para fazê-lo corretamente. Por esse motivo, o desenvolvimento de habilidades fundamentais é especialmente necessário. O vôo de precisão é muito mais fácil quando você confia em suas habilidades.

Em última análise, ajuda se você não se concentrar em

pensamentos negativos, no que pode acontecer. Não se preocupe em se perguntar: *"E se...?"*. Não tenha pressa, treine-se, sinta-se confiante e trabalhe

DRONES NO INVERNO: MELHORES PRÁTICAS PARA CLIMA FRIO

Com a chegada gradativa do inverno e a queda das temperaturas em todo o país, a maioria dos pilotos pode fazer pausas em suas atividades, pois as condições climáticas adversas para voar são as habituais da temporada. Claro, você pode tirar ótimas fotos se tiver a chance de voar na neve. Mas, voar no frio é muito arriscado, e há coisas que você deve *fazer* e *não fazer* . Ou você acabará perdendo seu drone.

<u>Regras aeronáuticas gerais para voar em clima frio Drones para clima frio (DJI Inspire e DJI Mavic Enterprise)</u>

<u>Acessórios para pilotar um drone em climas frios</u>

As regras aeronáuticas permitem voar no frio?

As regras aeronáuticas não proíbem voar em climas frios. Mas como piloto de drone que voa no inverno, você deve atender aos seguintes requisitos:

- A visibilidade mínima, observada do local, não pode ser inferior a 4 quilômetros terrestre.
- A distância mínima das nuvens não deve ser inferior a 150 metros abaixo de uma nuvem e não menos de 600 metros horizontalmente dentro da nuvem.
- Em climas frios, e particularmente quando é nevando,

pilotos de drones terão visibilidade reduzida. Além disso, à medida que as temperaturas caem, as nuvens se formam em altitudes mais baixas. Portanto, não despreze os dois pontos acima.

<u>Meu drone é capaz de voar em clima frio?</u>

Ótima pergunta: você vai conseguir voar, mas... com performance de voo reduzida. Em primeiro lugar, colocar gelo nos acessórios é sempre um problema. Para comparação, se você tivesse a chance de embarcar em um voo em uma cidade como Ushuaia ou Salt Lake City, teria visto a equipe de terra borrifar líquido descongelante nas asas e na cauda de um avião. O gelo altera a forma da asa e da cauda, que são cuidadosamente projetadas para uma sustentação ideal e um voo suave. Este princípio de engenharia é o mesmo para acessórios de drones. Qualquer formação de gelo nos acessórios resultará em elevação reduzida. De facto, já a 4ºC, existe uma grande probabilidade dos seus acessórios ficarem quebradiços e rompimento

Outra desvantagem é o desempenho reduzido da bateria e o tempo de voo. Em condições extremamente frias, a reação química através da qual a bateria do seu drone gera carga diminui drasticamente. A tensão da bateria está sujeita a uma queda acentuada, por isso é melhor não aumentar a elevação quando estiver voando em um dia frio.

A DJI recomenda uma temperatura mínima da bateria de 25 graus Celsius.

A menos que você esteja pilotando um Inspire (que vem com baterias auto-aquecidas), você precisa garantir que as baterias do seu drone permaneçam quentes o suficiente. Executar o descongelador em seu carro é um bom caminho a percorrer. Além disso, o DJI Mavic Enterprise é uma boa opção, pois é o menor drone que vem com baterias de autoaquecimento.

Lembre-se de ter a tensão da bateria no visor remoto junto com o restante da telemetria de seu voo, para monitorar de perto qualquer queda de tensão. Rolar um pouco também ajudará você a aquecer suas conexões.

<u>Então, como sei que é seguro voar em cenários de clima frio intenso?</u>

Uma boa maneira de determinar isso é medindo a propagação do *ponto de orvalho* [10]. Se a diferença entre o ponto de orvalho e a temperatura externa for inferior a 5 graus, há uma grande probabilidade de os acessórios congelarem e, portanto, o drone cair.

Você consegue obter imagens de qualidade quando voa no neve?

Existem algumas dicas e truques que podem ajudá-lo a capturar algumas imagens incríveis quando está nevando. Em primeiro lugar, recomendo voar ao contrário. Isso evitará que a neve entre na câmara. Caso contrário, a quantidade de neve será exagerada, devido ao efeito gerado pelas hélices ao movimentar toda a neve e as mesmas podem se molhar, gerando um efeito indesejado de descontrole no equipamento.

A neve tende a refletir muito a luz, o que pode arruinar fotos e vídeos. O uso de um filtro ND ajudará você a neutralizar isso.

Qual é a melhor maneira de usar seu tempo livre? inatividade?

A menos que você seja um piloto de drones experiente realizando projetos no exterior, o ritmo de trabalho diminui se o inverno mostrar suas condições climáticas mais extremas. Esse tempo de inatividade teria que ser vivido com sabedoria.

Este é um bom momento para atualizar sua educação; leia, debata como fazemos no Homero *Podcast* . A troca de pontos de vista é vital para o aprendizado.

Melhore os aspectos do seu serviço que você detectou como fracos: você pode fazer cursos de organização ou falar em público para melhorar a comunicação. A manutenção da atividade física, como já recomendei, não só favorece a resistência do corpo do piloto, por essa dualidade indissolúvel (piloto-drone); em vez disso, melhora os neurotransmissores, gerando confiança em você quando mais precisa.

Acessórios recomendados para voar no inverno

As baterias auto-aquecidas são extremamente importantes. O *Mavic Enterprise* é o menor drone que vem com baterias autoaquecidas.

As luvas do transmissor permitem que você opere o controle remoto enquanto mantém os dedos, as mãos e o controle remoto completamente fechados.

Filtros ND para lidar com a luz refletida na neve. Uma caixa de

bateria selada e retardante de chamas.

Aquecedores de bateria é outra maneira de mantê-los protegidos.

Uma boa pista para reduzir o efeito do prop wash.

saco *Ziploc* , grande o suficiente para caber no seu drone, será útil para secá-lo. Secar o drone em um saco *Ziploc* permitirá que a condensação se acumule no saco e não nos componentes elétricos do drone.

NOVAS TECNOLOGIAS : DEVEM USAR DRONES PARA INSPEÇÃO E MANUTENÇÃO DE MOINHOS DE VENTO?

Para promover a adoção de tecnologias ecologicamente corretas, como a energia eólica, é necessária a competitividade econômica com fontes tradicionais de energia não renovável. Um fator importante e muitas vezes negligenciado que afeta a viabilidade comercial da energia eólica é a alta porcentagem de falhas nas pás. Globalmente, estima-se que haja um total de 3.800 falhas de pás a cada ano.

Vale a pena perguntar, é possível garantir uma inspeção e manutenção mais eficiente do aerogerador?

Existem alternativas melhores às metodologias tradicionais de inspeção? Se a tecnologia drone pode resultar em aquisição e processamento de dados mais rápidos e precisos, resultando em informações que ajudam a mitigar falhas e, portanto, perdas econômicas, seria extremamente útil em nosso país.

Defeitos nas pás do moinho de vento e a necessidade de um processo de inspeção ideal

As pás dos moinhos de vento são estruturas complexas e não imunes a defeitos de fabricação. A delaminação é uma falha de material que produz uma lacuna entre as camadas de materiais e, por fim, reduz a capacidade de carga. A presença de partículas estranhas na resina da estrutura, bolhas de gás e adesivo estrutural aplicado incorretamente são outras razões pelas quais uma turbina eólica não pode gerar um desempenho ideal.

É fundamental a utilização de uma metodologia de inspeção eficiente (em termos de tempo e custo) que possa identificar com precisão esses defeitos.

Existem várias maneiras tradicionais de inspecionar turbinas eólicas. O uso de equipamentos de escalada em corda é uma das formas de inspeção mais comuns, embora arriscadas. Outra alternativa é a utilização de equipamentos terrestres compostos por uma câmera de alta resolução, um tripé e um potente laptop para processar os dados. Ambas as alternativas têm desvantagens consideráveis. O envio de equipamentos de escalada em corda é uma maneira lenta, cara e imprecisa de realizar inspeções. Em primeiro lugar, inspecionar visualmente um moinho de vento não é a maneira mais precisa quando se trata de aquisição de dados. Em segundo lugar, usando este método de inspeção, você pode inspecionar apenas 2-5 turbinas por dia. Os custos de inspeção podem chegar a US$ 1.500 a US$ 2.000 para uma única turbina.

Quais são os benefícios do uso de drones para inspeção e manutenção de aerogeradores?

Antes de começarmos a falar sobre o uso da tecnologia de drones para inspeções de aerogeradores, vamos esclarecer uma coisa: as inspeções de drones ainda estão engatinhando. Os desafios estão em duas frentes: aquisição e processamento de dados. Mesmo que possamos adquirir volumosos dados de inspeção usando drones, não é possível processar esses dados e obter insights acionáveis sem o uso de um aplicativo ou software adequado.

À medida que a tecnologia melhora, com automação e drones, 20 turbinas podem ser inspecionadas todos os dias. E um processo de inspeção mais rápido e menos intervenção humana significa que você pode reduzir seu custo de US$ 300 a US$ 500 para uma única turbina.

Para essas tarefas, o drone deve estar equipado com um sofisticado sensor térmico. Usando os mais recentes sensores térmicos, até 15 cm de profundidade podem ser verificados em uma pá de turbina eólica. Outra vantagem de usar a tecnologia drone é que você pode observar o feed, em tempo real, na estação terrestre.

Além disso, com um drone, é possível fazer medições completas da turbina. A reavaliação um ano após o voo inicial permitiria adquirir novas imagens e vídeos e verificar se o defeito piorou com o tempo.

Você pode usar um drone comercial da linha Mavic ou Fantasma

para inspeção e manutenção de moinhos vento?

Os avanços tecnológicos significam que agora temos drones e sensores térmicos mais poderosos disponíveis. De um modo geral, três fatores principais determinam a seleção de drones para inspeção e manutenção de turbinas eólicas:

1. Capacidade de voar com os ventos poderoso.
2. Capacidade de capturar imagens de longe.
3. Capacidade de resistir a interferências magnético.

Você poderia usar um Mavic ou Phantom para trabalhos de inspeção e manutenção de aerogeradores?

Lamentavelmente não. Como as turbinas eólicas estão localizadas em áreas com altas velocidades de vento, não há alternativa a não ser usar um drone industrial muito grande. Por exemplo, certos parques eólicos testemunham velocidades de até 20 m/s. Para colocar as coisas em perspectiva, até o Inspire tem uma resistência máxima ao vento de 10m/s. Também deve ser usado um drone equipado com um sistema D-RTK GNSS, o que permitirá que ele resista à interferência magnética para garantir um vôo seguro e protegido. estábulo.

OS MELHORES DRONES PARA VOAR AO VENTO

O que preciso para obter fotos suaves com mau tempo?

Aprender a pilotar seu drone em condições de vento pode ser um desafio extremamente difícil. No entanto, é importante ter treinamento, especialmente se você pretende voar comercialmente. Dependendo de onde você mora, sua capacidade de voar geralmente será limitada pelo clima da região. Como piloto profissional de drones, você precisa garantir que perderá o mínimo de oportunidades possível. Quanto mais dias você puder voar, mais dinheiro poderá ganhar. Embora todos saibam que é quase impossível voar todos os dias do ano, ter o equipamento certo e entender como voar em condições difíceis lhe dará uma vantagem sobre a concorrência.

Qualquer pessoa que tenha feito um curso básico de treinamento de drones dirá que as configurações do quadricóptero serão a melhor opção de preço/desempenho. Se você deseja comprar um quadricóptero para voar em condições de vento, examinarei os modelos para o consumidor final que são boas opções.

Os melhores drones de consumo para condições de vento

DJI Inspire : O melhor drone de consumo de primeira escolha para voar ao vento é simples. DJI e sua linha Inspire, é um modelo flexível e resistente com grande capacidade de vento e precisão de dados. Esta ave tem uma resistência máxima à velocidade do vento de 10 m/s. Em condições de vento, isso permite que os pilotos flutuem contra o vento no *Modo de atitude* e usem o vento a seu favor, obtendo fotos suaves sem precisar tocar As varas. É um modelo perfeito para quem é novo em voar ao vento e pode ter mãos nervosas.

DJI Phantom: A série Phantom melhora suas propriedades a cada novo lançamento. Por qualquer motivo, é muito mais preciso em sua localização GPS e recursos de deslocamento de elevação. Apesar do grande número de notificações recebidas durante o voo ("WIND SPEED TOO HIGH ... BLAH, BLAH, ETC), é uma grande drone para treinamento no vento.

DJI Mavic Pro – A DJI afirma que a série Mavic Pro tem uma resistência máxima à velocidade do vento de 38 km/h. No entanto, é preciso ter cuidado com esta série, pois elas irão virar se você tentar enfrentar um vento muito forte.

Dica nº 1: A experiência lhe dará confiança para voar contra o vento.

As condições do vento, embora divertidas de voar, trazem um novo conjunto de problemas com os quais você terá que lidar além de operar seu drone. Como a máquina trabalhará muito mais para se manter à tona à medida que o vento a empurra, ela descarregará a bateria mais rapidamente. Portanto, você terá que prestar mais atenção à duração da bateria enquanto o drone estiver no modo ar.

Para aumentar a confiança na operação do seu UAV em condições de vento, você precisa praticar sistematicamente e sob supervisão. A melhor coisa a fazer é sair e sentir o vento. Registo no meu log, os dados relevantes de cada output, para os analisar posteriormente e corrigir ações futuras.

Dica #2: Fique amigo do vento

Se você for capaz de dominar a técnica de usar o Modo de Atitude para deslizar pela brisa como um surfista em uma onda, descobrirá que o vento pode ser uma ferramenta poderosa. Se usado corretamente, uma brisa bom pode ser o aliado perfeito para obter fotos suaves e sedosas que você nunca conseguiria.

DRONES SOBRE RUAS E TRÁFEGO EM MOVIMENTO

Se você trabalha como piloto profissional de drone, deve estar familiarizado com os regulamentos da ANAC, ou de outras entidades aeronáuticas, sobre voar nas ruas e circular no trânsito. Provavelmente, você será solicitado a fornecer imagens que exijam que você voe perto ou sobre estradas e outros locais enquanto os carros passam por eles.
Compreender a legalidade e a ética de voar nesses cenários garantirá que você obtenha as fotos desejadas sem colocar ninguém em risco.

<u>Saiba sobre voar pelas ruas</u>

Costuma-se pensar que não há ações inseguras ao voar sobre veículos em movimento a uma distância razoável, mas isso não é necessariamente verdade.

Entidades de aviação acreditam que um voo sobre uma pessoa dentro de um veículo coberto estacionado deve ser permitido para fornecer proteção razoável contra a queda de uma aeronave não tripulada. No entanto, esta regra não se aplica à ação de uma pequena aeronave não tripulada em um veículo em movimento porque o ambiente operacional do veículo em movimento é dinâmico e as forças de impacto potenciais quando uma aeronave não tripulada colide com um veículo em movimento apresentam riscos inaceitáveis devido às velocidades de fechamento frontal . Além disso, o impacto de um pequeno drone pode distrair o motorista de um veículo em movimento e causar um acidente. acidente com ferimentos muito graves.

Tecnicamente, isso significa que você não pode voar com seu drone sobre ruas com tráfego em movimento, porque os motoristas não perceberão a presença do drone e não estarão preparados para responder com segurança se algo cair do drone. céu.

No entanto, de acordo com os regulamentos das entidades de aviação sobre indivíduos, é permitido sobrevoá-los quando eles estiverem "participando diretamente" da produção das imagens do drone. Este termo é definido dizendo: "Diretamente envolvido refere-se a qualquer indivíduo que o piloto remoto tenha considerado estar envolvido na operação de voo da pequena aeronave não tripulada. Isso inclui o piloto remoto em comando, a pessoa que manipula os controles do UAV e o observador visual. Este pessoal também inclui qualquer pessoa necessária para a segurança da operação de voo do UAV. Por exemplo, se uma operação de UAV envolver uma pessoa cujas funções sejam manter um perímetro, para garantir que outras pessoas não entrem na área da operação, essa pessoa seria considerada participante do voo do UAV. Avante.

Se, por exemplo, você estivesse filmando um drone para imóveis e contratasse o corretor de imóveis para ficar alerta e manter as pessoas fora da área de voo, essa pessoa seria considerada um participante e poderia ser sobrevoada. No entanto, você não poderia voar sobre o vizinho do lado de fora passeando com seu cachorro.

O que isso significa para os pilotos de drones?

Essencialmente, você deseja garantir que todos na área de voo estejam de alguma forma envolvidos na produção da filmagem e estejam cientes da localização da câmera no céu o tempo todo.

O QUE VOCÊ PRECISA SABER ANTES DE PILOTAR SEU DRONE DE UM VEÍCULO EM MOVIMENTO

Pilotar seu drone de um veículo em movimento oferece um novo conjunto de desafios. Se você não otimizar sistemas e processos, acabará perdendo o drone.

Este capítulo pode servir como um excelente ponto de partida para pessoas que planejam voar de um carro ou barco em movimento. Se você quiser mais informações sobre este assunto, recomendo fortemente que você ouça o *Podcast Hornero* para se atualizar sobre detalhes de leis e formas de voar.

As regras da aviação permitem que você grave de um veículo em movimento?

Esta é a primeira pergunta que os pilotos de drones me fazem. O que se afirma sobre voar de um veículo em movimento é:

Nenhuma pessoa pode operar um pequeno sistema de aeronave não tripulada:

(a) De uma aeronave em movimento;

qualquer

(b) De um veículo terrestre ou aquático em movimento, a menos que o pequeno drone esteja voando sobre uma área pouco povoada e não esteja carregando uma carga que acrescente peso desnecessário (exceto para a câmera)

Então você pode voar de um carro ou barco em movimento? Sim, desde que você esteja em uma área pouco povoada. Para voar em uma área populosa, uma autorização especial deve ser solicitada.

"Uma pessoa deve ter permissão para sobrevoar uma pessoa que esteja dentro de um veículo estacionado e coberto que possa fornecer proteção razoável contra queda de uma aeronave não tripulada. No entanto, esta regra não permitirá a operação de uma pequena aeronave não tripulada sobre um veículo em movimento porque o ambiente operacional para o veículo em movimento é dinâmico e as forças de impacto potenciais quando uma aeronave não tripulada colide com um veículo em movimento apresentam riscos inaceitáveis devido a velocidades de fechamento frontal . Além disso, o impacto de um pequeno drone pode distrair o condutor de um veículo em movimento e provocar um acidente."

<u>Verificações pré-voo de um veículo em movimento</u>

Portanto, se você decidiu estabelecer um vôo de um carro ou barco em movimento em uma área pouco povoada; Você deve enfatizar a importância de manter e seguir uma lista de pré-verificação. Isso é especialmente importante quando você está levantando o drone e voando de um veículo em movimento.

Primeiro, certifique-se de que a bateria do drone tenha carga suficiente. Ser capaz de visualizar e monitorar de perto a tensão da bateria no display remoto; Esse monitoramento é especialmente importante quando o clima também é adverso, como condições extremamente frias ou extremamente quentes. O clima extremo tende a esgotar consideravelmente o tempo de voo. Eu recomendo manter a bateria aquecida e isolada com um estojo de drone.

Verifique se a velocidade do vento está dentro dos limites aceitáveis. Você pode monitorar a velocidade do vento em diferentes elevações acessando aqui:

Sempre ajuste "RC Signal Loss" para "Offset". Se estiver definido como "RTH", o drone viajará para longe e voltará ao ponto de partida e acabará na água.

<u>Seja muito cauteloso ao decolar e pousar de um veículo em movimento na água.</u>

Decolagens e pousos ao voar sobre a água são particularmente difíceis. É preciso levar em conta todos os causas de interferência e tomar medidas apropriadas para cortar o problema de raiz.

<u>*Dica profissional* : *desligue todos os dispositivos*</u> habilitados para *Bluetooth* , como alto-falantes de música, telefones e até mesmo seu smartwatch para um voo seguro e sem intercorrências.

Eu recomendo decolar pela parte de trás do navio.
Você deve decolar no modo GPS, modo Atti ou modo Sport? Você pode ouvir explicações divertidas e bem desenvolvidas sobre esses importantes tópicos no *Homer Podcast* .

Pousar o drone quando o navio está em movimento é particularmente difícil. Se estiver em andamento, a velocidade do navio deve ser pelo menos 10 km menor que a velocidade do drone.

Você também pode tentar pegar o drone manualmente. Um drone com trem de pouso como um *Phantom* ou *Inspire* é sempre mais fácil de pegar do que um *Mavic* . Se você é iniciante, não é recomendável pegar um *Mavic* manualmente.

VIDA ÚTIL DA BATERIA DO DRONE: COMO APROVEITAR AO MÁXIMO A BATERIA DO SEU DRONE LIPO

O drone vem com uma bateria Lithium Polymer ou LiPo [11]. Um smartphone também tem uma bateria LiPo. Mas a semelhança acaba ali. As baterias dos drones são comparativamente mais voláteis e terrivelmente caras; portanto, cuidar deles deve ser a principal prioridade.

Uma bateria devidamente cuidada pode fornecer uma vida útil de carga e descarga de até 300 ciclos; mal cuidado, mal chegará aos 50.

Nem todos os drones e suas baterias são criados iguais. Por exemplo, as baterias do *Phantom duram mais do que* as baterias do *Mavic*. E as baterias *Mavic* têm uma vida útil mais longa em comparação com as baterias *Spark*. De um modo geral, a duração da bateria do seu drone depende de três fatores principais:

- com que frequência você voa
- como você voa
- Onde você voa

Analisando os fatores :

Se você não voar por muito tempo, as baterias podem acabar rapidamente. Recomendo que você pratique ou tenha um dia de voo definido, por exemplo: toda sexta-feira. Esta é uma ótima maneira de manter sua bateria saudável; e em paralelo melhorar continuamente suas habilidades.
Definir a bateria para descarregar automaticamente a cada 7 dias é um bom lembrete para sair e pilotar o drone.

Se seus horários não permitem que você saia e voe toda semana, faça isso pelo menos uma vez por mês.
As baterias LiPo têm uma alta probabilidade de falhar se o drone

permanecer inativo por mais de 30 dias. Além de uma descarga automática de 1 semana, é recomendável armazenar as baterias do drone com 30% a 60% da carga total.

Como carregar as baterias do seu drone

Realize um ciclo profundo completo uma vez a cada dez voos para otimizar a vida útil da bateria do drone.

Como você faz o ciclo profundo e completo de suas baterias de drone? Existem duas maneiras de fazer isso:

1. Voe com seu drone até que ele esteja prestes a perder energia; quando a tensão da bateria cai para cerca de 3,5 V ou 5% da carga total, você pode fazer o drone pairar e eventualmente pousar automaticamente. Não se esqueça de rolar o drone para a esquerda e para a direita durante o pouso automático. Este movimento extrairá o máximo de carga possível do seu drone.
2. Pouse seu drone, mas deixe a energia ligada. A bateria LiPo descarregará toda a carga depois de um tempo e o drone desligará automaticamente.

Voar em condições meteorológicas de alta temperatura

O plano é voar em um dia de verão, em pleno janeiro em Buenos Aires? Precauções adicionais serão necessárias para prolongar a vida útil do drone.

Em primeiro lugar, não carregue as baterias quando estiverem muito quentes. Por exemplo, na *linha Phantom*, as luzes do drone começarão a piscar quando as baterias estiverem muito quentes. Nesse cenário, recomendo esperar pelo menos 30 minutos para que as baterias esfriem. Proibido deixar a bateria carregando quando esta luz estiver piscando.

Outra premissa de cautela: NÃO tente resfriar artificialmente a bateria colocando-a em uma geladeira ou em frente a um ar condicionado. Ao fazer isso, você reduzirá drasticamente sua vida útil.

Como prolongar a vida útil da bateria do drone em condições frias

Se você for voar no inverno, esteja preparado para ver a vida útil da bateria reduzida. Nesses casos, ter um estojo profissional e uma ponta para armazenar suas baterias ajudará a melhorar sua experiência. Suas baterias LiPo precisarão ficar bem isoladas e aquecidas.

Ao voar em ambientes frios, eis o que fazer: Ligue o drone e deixe-o ligado por alguns minutos. Não decole ainda. Desligue o drone e ligue-o novamente. Isso ajudará você a extrair algum tempo de voo adicional.

Quando você estiver voando em condições extremas, considere dar um passo adiante. Primeiro ligue o seu drone e deixe-o ligado por alguns minutos. Em seguida, desligue-o.
Ligue o drone novamente e passe 1,5 metros por 30 a 60 segundos. Traga o drone de volta e desligue-o novamente. Ao ligar o drone novamente, você pode aproveitar a vida útil prolongada da bateria.

Como viajar com baterias de drone

Qual é a melhor maneira de viajar com as baterias do seu drone? Em um avião, você pode colocar a caixa do drone no armário superior;
Lembre-se: os regulamentos das entidades aeronáuticas não permitem o armazenamento de baterias de polímero de lítio sob o avião, no porão.

Se estiver viajando por terra, NÃO deixe baterias no porta-malas do carro. Houve casos em que baterias de drones deixadas em vans pegaram fogo e queimaram abrindo um buraco na cama de aço!

Mais algumas dicas para prolongar a duração do bateria drone

Você pode ser atingido por uma bateria ruim que morre após apenas 25 ciclos. Para essa eventualidade, você pode tentar este truque: abra a parte superior da bateria e desconecte a porta de 5 pinos. Conecte a porta novamente, reconecte e descarregue totalmente a bateria.
Uma vez totalmente descarregada, recarregue a bateria. Esta não é uma solução que funciona sempre, mas certamente vale a pena tentar.

Quando estiver voando sobre a água, incline totalmente a elevação. E, se a tensão cair abaixo de 3,5V, leve o drone para casa imediatamente. Você não quer que o drone pouse automaticamente ao pairar sobre a água. Se o drone pousar automaticamente, você terá controle lateral, mas nenhum controle de elevação. E por causa disso, você pode perder seu precioso equipamento.

Lembrete : armazene as baterias em local fresco e seco. Não remova as pilhas quando todas as quatro luzes estiverem piscando. Isso afetará gravemente a vida útil da bateria do equipamento.

CONHEÇA BEM O SEU DJI DRONE: UM GUIA DO COMPRADOR

Você está comprando um computador pela primeira vez?
Confuso sobre como o drone DJI funciona?
Neste capítulo, examino os diferentes componentes deste UAV; com dicas que ajudarão você a aproveitar ao máximo o drone DJI.

Tópicos nos seguintes componentes

- Hélice
- Câmera
- Cardan
- Motor
- bateria voar
- Sistema de visão
- leds para a frente
- sistema indicador de aeronave

<u>Mantenha sempre os acessórios nas melhores condições de trabalho.</u>

Drones DJI como o Phantom e o Inspire são quadcopters, o que significa que eles têm quatro hélices. As hélices giratórias fornecem o impulso necessário para o drone DJI decolar. Os kits possuem acessórios de rotação superior com design autoajustável; Eles vêm com anéis cinza e anéis de prata, isso é uma indicação para saber onde esses acessórios devem ser colocados. Não se esqueça de girar a hélice no sentido indicado (sentido horário ou sentido anti-horário).

Recomenda-se trocar os acessórios mesmo que haja o menor dano. Lembre-se: se você não fizer uma verificação e manutenção permanente de cada acessório, perderá seu drone. Se um acessório for perdido durante o voo, você poderá pousar o drone. Claro, será uma aterrissagem difícil. Mas pelo menos você não perderá seu time.

Não é recomendado o uso de acessórios de fibra de carbono. Estes causam microvibrações que lentamente afrouxam a estrutura de um drone e todos os seus componentes.

Algumas pessoas usam *"pára-lamas"* quando estão aprendendo a voar. Os protetores de hélice ajudarão a economizar hélices quando você estiver no meio do treinamento. Mas o uso destes; gera um coeficiente de arrasto muito maior. Isso interfere no vôo e o torna muito mais difícil.

Dica profissional: os parafusos da hélice podem se soltar com o tempo. Portanto, verifique-os pelo menos a cada dois meses.

Conhecendo a câmera e o gimbal [12]

A escolha de uma câmera drone depende de sua aplicação e do pedido do cliente. Optar cegamente pelo sensor da mais alta qualidade não é aconselhável. Portanto, os requisitos para alguém que planeja fazer trabalhos de mapeamento serão diferentes daqueles que planejam registrar imóveis.

Você precisa de uma câmera com um bom zoom onde possa ver os mínimos detalhes? Você pode considerar a linha de drones *Mavic ou as câmeras Zenmuse*, dependendo dos requisitos específicos de qualidade e tamanho do trabalho.

A câmera está conectada ao gimbal. O gimbal garante que a câmera permaneça estável e que você possa capturar imagens nítidas. O gimbal do *Phantom* permite que a câmera seja inclinada em um ângulo de até 120 graus. Se você voar no modo FPV (First Person View), o gimbal sincronizará o movimento da câmera com o movimento do drone. Enquanto estiver no modo *Follow*, o ângulo entre o gimbal e o nariz da aeronave sempre permanece constante.

Dica profissional: use uma plataforma de pouso para proteger sua câmera, gimbal e trem de pouso contra danos.

Como aproveitar ao máximo a bateria

Drone DJI vem com bateria LiPo; embora o princípio seja o mesmo das baterias de um smartphone; baterias de drones exigem muito mais manutenção e cuidado.

Entre os recursos da bateria DJI está a descarga automática, que descarregará automaticamente a bateria se ela ficar inativa por muito tempo. Isso é particularmente importante; tempo ocioso prolongado causará falha da bateria. A melhor maneira de evitar isso é voar pelo menos uma vez por semana.

A detecção de temperatura é outro recurso útil da bateria DJI. Esta função evita que a bateria carregue se a temperatura da bateria for superior a 40 graus Celsius. Uma palavra de advertência: não tente resfriar a bateria colocando-a na geladeira ou na frente do ar-condicionado. Isso reduzirá drasticamente sua vida útil.

Dicas para manter o motor do drone ligado as melhores condições

Garante que os motores estejam em ótimas condições de operação. Os enrolamentos do motor devem estar livres de acúmulo de óleo; e a cor fresca original do cobre ainda deve estar presente. Um simples movimento com o dedo deve ser suficiente para fazer os motores de propulsão girarem várias vezes. Também tenha cuidado com o acúmulo de areia no motores.

Se um motor for perdido em um quadricóptero, você perderá o drone.

Mais alguns recursos DJI

- O *"evasão a partir de obstáculos"* no seu drone A DJI torna tudo mais fácil vencimento ao sistema a partir de visão dianteira Y traseira.

- É necessária uma iluminação adequada para que o sistema de visão funcione e assim impeça a entrada de obstáculos.
- Para evitar um objeto, o drone primeiro desacelera, depois paira e finalmente começa a subir verticalmente.
- Os LEDs frontais acendem em vermelho sólido para representar a orientação do drone.
- O indicador de status da aeronave mostra o status do controlador de vôo. Uma luz amarela piscando lentamente significa que o Phantom *4 Pro* você está voando no modo Atitude sem GPS ou sistema de visão.

ALGUMAS DICAS PARA COMPRAR UM DRONE USADO.

<u>Pensando em comprar um drone usado?</u>

Para muitas pessoas, comprar um drone usado parece ser a melhor (e mais acessível) opção. Especialmente se você planeja iniciar um negócio de drones, comprar equipamentos usados pode ser uma boa maneira de economizar. Afinal, para fazer o negócio decolar, você provavelmente precisará de uma quantia considerável de dinheiro em equipamentos, software e outros custos comerciais gerais.

No entanto, como você compra um drone usado?
É inteligente escolher um da Internet? Aquele drone que aparece no *E-COMMERCE* funciona mesmo?

Infelizmente, muitos pilotos foram vítimas de golpistas que compram drones online. Se você souber onde procurar e como passar pelo processo corretamente, comprar um drone usado pode ser uma maneira econômica de iniciar seu negócio.

Aqui estão algumas dicas para comprar um:

<u>Compre drones usados pessoalmente (em vez de online)</u>

A compra online de um carro usado apresenta muitas arestas que podem dar errado. Mesmo se você estiver comprando de uma fonte legítima, as fotos do equipamento nem sempre refletem sua verdadeira condição. Só porque fica bem nas fotos não significa que voará corretamente. Pode haver coisas que o piloto nem sabe que estão erradas com o drone, e você vai querer ter a chance de ver por si mesmo antes de comprá-lo.

Evite *E-COMMERCE* (a menos que você viva em uma área remota onde esses são os únicos mercados disponíveis). Se alguém postar um drone à venda em um fórum, faça uma pesquisa adequada sobre o vendedor. Pergunte se mais alguém comprou dessa pessoa.

Se puder comprar pessoalmente; é sempre uma opção melhor.

Inspecione todas as partes do drone

Comprar um drone usado pessoalmente dá a você a chance de inspecioná-lo. Observe cuidadosamente o corpo em busca de sinais de estresse [13], como rachaduras e descoloração. Estas são indicações seguras de que o drone foi maltratado.

Obviamente, pequenas rachaduras são um indicador de que o drone não está em sua melhor forma. No entanto, sinais menos perceptíveis, como manchas de grama, também devem impedi-lo de comprar. Se o drone tiver manchas de grama em seu corpo (principalmente perto das hélices), significa que o drone voou com uma distribuição de peso desigual. Mesmo que o desequilíbrio de peso seja menor, pode causar deterioração ao longo do tempo. Também é pertinente verificar a rigidez dos parafusos para garantir que o drone não voou com uma estrutura instável.

Outra coisa que você vai querer olhar é o motor. Um motor em bom funcionamento não apresentará sinais de deterioração. As bobinas devem ter uma cor de cobre fria sem acúmulo de óleo; essa rotação fácil pode ser causada com apenas um movimento do dedo; e que nenhuma areia ou detritos sejam observados.

Pergunte sobre as baterias

Ao ler estas páginas, você já sabe que as baterias requerem uso adequado e manutenção regular. Se as baterias não foram cuidadas com cuidado, você provavelmente não deseja comprar esse drone.
Além de testar as baterias para se certificar de que estão funcionando, pergunte quantas vezes elas se esgotaram. As baterias que foram recicladas mais de 40 vezes não duram muito

mais e você não quer comprá-las.

Verifique os registros de voo

Você pode comprar um drone usado se eles mostrarem de forma confiável que ele tem milhas/quilômetros restantes. Afinal, não adianta comprar um drone que vai morrer logo depois de você comprá-lo. A melhor maneira de descobrir quantas milhas ou quilômetros você tem é olhar seus registros de voo.

Você poderá ler os dados do voo no aplicativo que o proprietário/vendedor usou para pilotar o drone. Se ele permitir que você dê uma olhada no aplicativo dele, você lerá o registro de voo ali mesmo. Se você não receber essas informações, precisará encontrar um amigo que possa extrair o código ou continuar sua busca por um UAV usado.

10 FERRAMENTAS ESSENCIAIS PARA PILOTOS COMERCIAIS DE DRONES

Uma lista de equipamentos que todo piloto precisa.

Como qualquer profissional, os pilotos de drones precisam das ferramentas certas para fazer o trabalho corretamente. Afinal, você nunca quer perder um show; um espetáculo artístico bem pago porque você não tem as ferramentas certas para a tarefa. Ter os itens corretos em um kit de ferramentas garantirá que você esteja sempre preparado.

Embora as ferramentas exatas dependam da natureza do trabalho e do seu conjunto de habilidades, existem "essenciais"

armazenamento portátil

O cartão microSD correto é essencial para o armazenamento adequado de dados a curto prazo. É desejável ter um que transfira a uma velocidade de 100 mbps ou mais.

armazenamento de longo prazo

Em um mundo perfeito, os discos rígidos externos nunca nos decepcionariam. Poderíamos comprá-los e depender deles para trabalhar quando precisamos. Infelizmente, o hardware está sempre sujeito a falhas e casos dessa magnitude podem ser catastróficos dependendo das circunstâncias.

Felizmente, o recurso redundante de soluções de armazenamento como NAS é o melhor aliado de um piloto de drone. Com vários compartimentos permitindo versatilidade, uma falha no disco rígido não significa que a perda de dados seja uma consequência inevitável.

O armazenamento de longo prazo lhe dará a tranquilidade de que você precisa. Você ficará feliz em saber que todos os seus ótimos vídeos e fotos estão seguros e prontos para serem acessados quando você precisar deles.

filtros N / D

Os filtros de densidade neutra são basicamente óculos de sol para a câmera aérea. Eles podem ser o fator determinante na produção de imagens crocantes ou distorcidas.
Embora você tenha que experimentá-los para que funcionem corretamente, os filtros ND são uma ferramenta essencial.

caixa de transporte

Quando você trabalha com clientes; eles observam cada movimento seu e a percepção de sua técnica significa muito. Essa primeira impressão pode influenciar diretamente na sua tomada de decisão; para contratar seu serviço, eles vão querer ter certeza de que vale a pena.

A caixa de transporte ideal deve ser funcional e demonstrar sua preparação e profissionalismo prévios.

Com suas necessidades específicas em mente: considere a portabilidade e a funcionalidade antes de fazer uma compra.
Alguns pilotos têm vários casos para diferentes aplicações, funcionais para pilotos comerciais e amadores. Mais uma vez, a percepção é tudo, e parecer um amador levantará uma enorme bandeira vermelha no local de trabalho.

luzes

Ter o conjunto certo de luzes é uma obrigação. Especialmente depois de aprender como solicitar uma isenção bem-sucedida para operação noturna.
Por outro lado, as luzes podem ser um fator importante mesmo ao fotografar durante o dia.

Potenciadores de escopo

A interferência é o pior inimigo de um piloto de drone, e os extensores de alcance que podem ser conectados às antenas do transmissor podem salvar a vida do veículo. É uma decisão de negócios inteligente possuir vários conjuntos de esses.

Pista de pouso

Detritos e poeira são dois inimigos dos operadores de UAV e das aeronaves. Se você estiver voando em estado selvagem (como quase todo piloto comercial faz), uma pista de pouso é uma ferramenta simples, mas eficaz para preservar seu drone. Uma boa plataforma de pouso ajudará a evitar danos estéticos e estruturais que o sedimento solto pode causar.

monitor externo

Ao trabalhar com uma equipe de filmagem, o tempo é tudo. Os produtores terão requisitos específicos para tomadas. É por isso que é essencial ter um monitor externo no kit. Não apenas o piloto pode usá-lo para configurar fotos melhores, mas um segundo visualizador, como um diretor, pode assistir ao feed ao vivo e dar instruções ao filmar uma cena.

colete e capacete

Novamente, credibilidade é tudo quando você entra no local de trabalho; onde quer que você foi convocado. Neste *métièr*, o cenário é diverso: exteriores, terrenos, campos, lagoas, centro da cidade, portos, edifícios, e a lista poderia ser longa. Para aplicações comerciais, ter um colete de segurança e capacete não apenas o manterá seguro, mas também dará aos clientes a garantia de que você sabe o que está fazendo.

Eles são necessários para entrar em um imóvel em construção, então porque não vir preparado?

Redundância básica

Baterias, cabos de carregamento, hélices e transmissores são essenciais para qualquer operador de drone comercial. Embora seja óbvio que qualquer piloto deve carregá-los com eles, é importante observar que várias camadas de redundância são essenciais para evitar o fracasso da missão.

A dica profissional aqui é ter um estojo extra com fundo para tudo. Não há desculpa para viajar para algum lugar despreparado. Fazer backup de todos os aspectos de sua operação evitará muitas dores de cabeça no futuro.

COMO OS DRONES ESTÃO AJUDANDO A ALCANÇAR MAIOR SUSTENTABILIDADE.

Três usos lucrativos de drones onde a sustentabilidade está impulsionando a demanda

Procurando por alguns setores lucrativos da indústria onde você pode lançar seus serviços de drones? Selecionei três usos de drones que podem te ajudar nisso.

drones para construção verde

O aumento da conscientização do cliente sobre as vantagens da construção sustentável resultou em mais e mais organizações e proprietários optando pelo "verde". Junto com custos de energia mais baixos, há também alguns benefícios intangíveis, como melhor produtividade e menores taxas de deserção.

O tamanho do mercado de construção verde está estimado em US$ 81 bilhões. Então, como um piloto de drone pode fazer parte dessa indústria em crescimento? Para entender onde você se encaixa, primeiro é importante entender os fundamentos da construção sustentável.

A eficiência energética é possivelmente o resultado mais importante da construção sustentável. As pontuações de uma estrutura nesta frente dependem de seu *envelope de construção*.

A *envolvente do edifício* consiste em paredes, portas, janelas, tectos e clarabóias. Estas são as saídas através das quais a energia térmica é transferida ao longo do dia.

A quantificação dessa resistência térmica nos permite calcular o *"R-Value"*, um indicador preciso de eficiência energética.

O fornecimento responsável de materiais é outra faceta da construção sustentável. Por exemplo, o hotel Bardessono na Califórnia é um dos dois únicos hotéis no mundo a receber a classificação LEED mais alta. A sua matéria-prima foi obtida a partir da pedra de uma estrutura existente, madeira reciclada, metal e isolamento de lã de ovelha.

Tornar-se ecológico envolve grandes despesas iniciais de capital, mas pode economizar MUITO a longo prazo. De acordo com o Center for Green Industries and Sustainable Business Growth, os edifícios com certificação LEED [14] apresentam uma queda de 13,6% nos custos operacionais. O ROI geral [15] aumenta em 9,9%.

Drones para inspeções de energia solar

Fiquei surpreso ao saber que a quantidade total de energia solar despejada na Terra é, na verdade, 10.000 vezes maior do que as necessidades do nosso planeta. É inspirador imaginar o que significaria para o nosso mundo se pudéssemos encontrar uma maneira de aproveitar mais energia solar . Claro, a capacidade instalada global cresceu enormemente nos últimos anos. Estamos em 300 GW agora. Mas, à medida que formas mais eficientes de aproveitar mais energia solar são descobertas, os custos devem despencar e levar a uma adoção ainda maior. mais desta tecnologia.

Os drones estão sendo aproveitados para reduzir os custos de manutenção e aumentar a geração de energia.

Para realizar uma inspeção de célula solar, é necessária uma câmera térmica radiométrica calibrada.

A utilização de drones para a inspeção de células solares permite:
- identificar pontos quente
- Observar o crescimento da vegetação natural
- Localize os diodos da célula de desvio ativado

Pix4D e DroneDeploy são soluções potenciais para realizar inspeções de células solares. Recomendamos comparar os resultados antes de tirar qualquer conclusão sobre o que é melhor ou pior. Qual solução oferece mais detalhes e mais imagens nítidas? Qual solução é mais fácil de usar? A busca completa por essas respostas permitirá que você se concentre na ferramenta certa.

Drones para entrega: como eles deixam menos pegada de carbono

Realidade ou sonho distante? Se os drones forem usados para entregas menores em vez de maiores, e em estados ou províncias com maior dependência de energia limpa, ambientalmente (e economicamente), eles seriam uma alternativa melhor às entregas por caminhão.

Ainda não se discute se tais desenvolvimentos podem convencer as entidades aeronáuticas o suficiente para apresentá-los ao legislativo, o que possibilitará o sobrevoo de pessoas e o voo BVLOS [16], a partir do qual as entregas por drones se tornarão realidade.

COMO USAR DRONES PARA INSPEÇÕES DE LINHAS DE ENERGIA

Os drones têm o potencial de revolucionar a maneira como inspecionamos nossas linhas de energia e torres de transmissão. O uso de um drone pode reduzir os custos de US$ 5.000 a US$ 200 para uma única inspeção de torre de transmissão, permitindo a obtenção de dados muito mais precisos.

A par de uma enorme poupança financeira, quando se considera também a redução da intervenção humana , a utilização de drones para inspeções de linhas elétricas torna-se uma proposta cada vez mais aliciante.

No entanto, o uso de drones para inspeções de linhas de energia traz seu próprio conjunto de riscos. E quando um erro é cometido, as repercussões são enormes. Somente pilotos com considerável experiência de vôo devem se aventurar neste campo.

<u>Quais são alguns dos riscos associados ao uso de drones para inspeções de linhas de energia?</u>

Ao voar perto de linhas de energia KV, uma interferência invisível é exercida em seu drone. Isso torna o vôo extremamente difícil. Você pode comparar essa interferência com uma rede Wi-Fi. Quanto maior a distância entre o seu drone e as linhas de energia, menos interferência.

Um drone de consumo sem blindagem ferromagnética não pode ser usado para inspeções de linhas de energia. Pilotar o drone perto de uma linha de energia simplesmente fritará seu controlador de vôo!

A resistência ferromagnética mede quanta resistência um drone é capaz de suportar. A linha Phantom, por exemplo, possui maior resistência ferromagnética que a linha Inspire.

É provável que você tenha menos interferência e problemas se voar sobre ou ao lado de linhas de energia. No entanto, se você voar entre linhas de energia, a interferência de voo terá um grande pico. É aconselhável manter uma distância de pelo menos 100 pés/31 metros de uma linha de energia em todos os momentos.

Qual equipe é treinada para realizar inspeções de linha? elétrico?

Vamos começar com o drone: um drone de última geração como a linha Matrice é mais adequado para realizar inspeções de linhas de energia. O módulo D-RTK para resistir à interferência magnética, uma câmera com alto zoom e um sistema de gimbal duplo tornam a linha Matrice a mais adequada.

É possível transportar uma câmera óptica e uma câmera térmica nesta linha; isso acelera a detecção e o diagnóstico de problemas.

Os drones de consumo podem ser usados para inspeções de linhas de energia, mas e a interferência ferromagnética? Uma gaiola de Faraday [17] pode cuidar disso. A instalação de uma gaiola de Faraday ajudará a evitar que o controlador de voo pare devido à interferência ferromagnética. Uma precaução rudimentar seria enrolar um pedaço de fibra de carbono em volta do controlador. voar.

Se a oportunidade de trabalho justificar, você pode investir em um drone de asa fixa.

Ao voar perto de linhas de energia, interferência aumentará em certos pontos. como determinar esses pontos? Outro elemento é necessário: um espectrômetro [18]; o que ajudará a determinar esses pontos de interferência; e você pode mudar de banda para lidar com essa interferência ou barulho.

É importante diferenciar entre uma câmera térmica e uma radiométrica térmica. Você pode optar pelo DJI Zenmuse XT ou pelo DJI Zenmuse XTR. O XTR significa XT Radiometric. O XT-R é calibrado profissionalmente e permite que você faça uma leitura de temperatura de cada pixel na tela. Isso resulta em medições realmente precisas.

Conheça e leve em consideração todas as regras e regulamentos.

As restrições da linha de visão são um grande impedimento ao uso de drones para inspeções de linhas de energia. Mas mesmo com essa limitação, os drones oferecem vantagens porque não impedem que um trabalhador suba em cada poste para olhar o equipamento.

Antes de realizar inspeções de linhas de energia, esteja ciente de todos os regulamentos relacionados ao voo próximo de infraestrutura crítica.

Conclusão

Fazer inspeções de linhas de energia com drones é literalmente como andar sobre um fio fino. NÃO PODE ser feito sem conhecimento, prática e equipamento competente. Os erros têm consequências muito graves para as pessoas e para as equipas.

Você acha que tem as habilidades necessárias para assumir esses cargos? e os equipamentos necessários? Estas são algumas perguntas a serem respondidas antes de se aventurar neste campo. Como garantir que seus interesses sejam atendidos se você enfrentar este trabalho? Certifique-se de ler e entender as letras pequenas contratuais.

Leve em consideração toda a gama de riscos e danos e garanta que o contrato os proteja, os contemple.

Os operadores de UAV que conseguem alcançar os resultados desejados neste campo desafiador obtêm ganhos líquidos substanciais. Existe um grande nicho de mercado esperando para ser explorado por operadores de UAV qualificados e merecedores.

COMO A TECNOLOGIA DRONE PODE AJUDAR A GARANTIR MELHOR SEGURANÇA E VIGILÂNCIA

Nesta área, existem algumas perguntas incômodas que precisam ser respondidas primeiro. Como fornecer vigilância contínua se você estiver limitado por um tempo de bateria de 20 a 25 minutos? O que acontece com a privacidade dos cidadãos durante a vigilância? quais são as leis para drones quando se trata de segurança e vigilância?

A vigilância contínua com drones é possível? Sim... Veremos como....

O Inspire ou o Phantom não têm uma duração de bateria superior a 20-25 minutos. Embora isso seja suficiente para muitos aplicativos, quando se trata de vigilância contínua, você precisa de uma solução melhor. Uma possibilidade é conectar um drone a uma fonte de energia por meio de uma alça. Vôo amarrado, você pode chamar isso. A fonte de energia do drone conectado também pode ser montada em um veículo em movimento, se necessário.

Tais sistemas são chamados de "Sistemas de Vigilância de Persistência".

Embora os drones amarrados não exijam habilidades de pilotagem especializadas, há uma chance de a equipe se enredar na corda e cair. Para combater isso, os fabricantes de drones criaram algumas soluções inovadoras. Por exemplo, programar o drone para soar um alarme se alguém tentar cortar a corda; como o UAV ficaria no ar por algum tempo após o corte da trela, ele poderia até capturar imagens dos elementos agressores.

A vigilância contínua por meio de drones também pode ajudar a prevenir fraudes em seguros; ter um registro permanente de uma instalação que pode ajudar a negar quaisquer alegações falsas.

Além da vigilância contínua, os drones também podem ser usados para criar mapas 3D das propriedades do cliente, permitindo conhecer todas as entradas e saídas e esconderijos; Em caso de roubo, esses mapas de drones 3D são extremamente úteis.

Necessita de certificação da entidade aeronáutica do país para pilotar um drone conectado?

Os pilotos de drones podem perguntar se as regras aeronáuticas se aplicam a um drone conectado. A resposta é sim.
Os regulamentos aeronáuticos que regulam os drones no país, sem dúvida, se aplicam a um drone motorizado cativo.

Os drones podem ser usados para vigilância sem violar o privacidade?

Este capítulo estaria incompleto sem uma discussão sobre este tópico. Os céticos em relação à tecnologia dos drones levantaram preocupações sobre a privacidade. Claro, esclarecer a definição do que fazer e do que não fazer é muito importante. As pessoas que controlam a tecnologia dos drones precisam garantir que a contenção adequada esteja em vigor. Ao mesmo tempo, os opositores precisam lembrar que, nesta era digital, nossas informações pessoais já estão comprometidas. Os satélites nos monitoram há anos. E só precisamos ler sobre o escândalo de dados da Cambridge Analytica para saber como é fácil para o Facebook e o Google acessar informações. pessoal.

Organizações como a CISCO [19] já estão coletando dados por meio de vigilância por drones. Em vez de banir essas tecnologias, o que não é viável, o lógico é criar uma legislação rígida para cada situação. A implementação adequada da tecnologia drone pode certamente resultar em maior segurança sem infringir a privacidade.

INTEGRAÇÃO DE DRONES EM INVESTIGAÇÕES DE ACIDENTES FERROVIÁRIOS, RODOVIÁRIOS E AERONÁUTICOS.

Qualquer colisão ou descarrilamento que ocorra deve ser investigado minuciosamente e com precisão. Com o uso de drones, é possível realizar uma investigação de acidentes de forma mais rápida, econômica e eficaz.

Uso de drones para investigação de acidentes tráfego

95% de todas as mortes relatadas em acidentes foram atribuídas a acidentes de trânsito [20]. No entanto, a reconstrução acidental não é viável em todos os casos. Em geral, são investigados os acidentes automobilísticos graves e não aqueles que provocam entortamento de para-lamas, ou quebra de para-choques.

Ao conduzir uma investigação de acidente, os reconstrucionistas tentam descobrir por que e como um carro bateu. Geralmente contratados por um advogado, eles trabalham em estreita colaboração com a polícia. Alguns dos fatores críticos considerados ao reconstruir um acidente são a velocidade do carro, o peso do veículo, o ângulo da batida e a quantidade de rotação. Mas é possível reconstruir com precisão uma cena com tecnologia drone [21][22][23]? E os dados coletados ao usar a tecnologia drone são precisos em comparação com scanners a laser 3D?

A Real Polícia Montada do Canadá, juntamente com a Pix4D, organizou um projeto piloto para medir a precisão e eficácia da tecnologia drone. Este projeto envolveu a reprodução de um acidente de dois carros.

A preparação pré-voo levou 10 minutos e a aquisição de dados levou cerca de 20 minutos. O processamento de dados no

Pix4Dmapper levou duas horas.

Os relatórios finais incluíram uma nuvem de pontos, modelo de superfície digital e ortomosaico. Fitas e scanners a laser também foram usados para adquirir dados.

Foi notável que os dados adquiridos por meio da tecnologia drone correspondiam exatamente aos dados obtidos por meios tradicionais. Com vantagens como baixo custo, facilidade de configuração e rápida aquisição de dados, a tecnologia drone sem dúvida se tornará a opção preferida nos próximos anos. anos.

Mitigação de riscos através do uso de drones para o investigação de acidente ferroviário

Em 2012, um trem que transportava butadieno [24] e fluoreto de hidrogênio [25] descarrilou em Louisville, Kentucky. A exposição a esses produtos químicos pode danificar gravemente vários órgãos e sentidos, bem como causar câncer se a exposição for crônica. O fato de esses dois produtos químicos serem altamente inflamáveis agravou ainda mais o risco. Além disso, como os trilhos do trem estavam no topo de um morro, as pessoas que responderam a essa situação puderam acessar e monitorar a situação a partir de um único ponto.

O drone foi usado para entrar e sair da área de emergência e tirar imagens que ajudaram os investigadores a avaliar melhor a situação.

Devido à possibilidade de uma explosão em grande escala, o uso de um helicóptero estava fora de questão. Doug Hamilton, diretor da Agência de Gerenciamento de Emergências de Louisville, disse: "Há muito mais fotos excelentes tiradas pelo drone do que você tiraria de um helicóptero, que não pode ficar tão estável".

Usando drones, é possível obter dados rapidamente, retirar-se rapidamente do local do acidente e, em seguida, realizar uma análise causal completa.

Neste evento, o único problema com a implementação e aquisição de dados foi que a conectividade de rede deficiente impossibilitou a transmissão ao vivo e o monitoramento da situação em tempo real.

<u>Como os drones são usados na investigação de acidentes aéreos?</u>

Relembre o incidente com a Ameristar Air Cargo Inc. Em 8 de março de 2017 [26], um Boeing MD-83 derrapou na pista após uma decolagem rejeitada.
Felizmente, ninguém se feriu. A investigação determinou que um elevador preso foi a causa da falha na decolagem.

Mas o que poderia ter causado o congestionamento do elevador? Ventos fortes que excedem os limites de projeto ou requisitos de certificação podem ser um motivo provável; no entanto, a aeronave nunca foi submetida a ventos tão fortes durante o vôo.

Investigadores do NTSB [27] estudou o layout do hangar de um quarto de milha (400 metros) usado para segurar o MD-83. Utilizando a tecnologia drone, foi criado um modelo 3D do hangar e realizado um estudo computacional para simular como o vento se comportaria ao entrar no hangar.

A investigação acima é quase única em que a tecnologia drone foi usada para preparar um relatório de desempenho da aeronave. Normalmente, os envios para uma investigação de acidente de avião incluiriam fotos gerais, fotos da pista e quaisquer cicatrizes no solo.

Ao usar drones, os investigadores podem mapear as pistas em uma velocidade muito maior, causando menos perturbações no espaço aéreo. De facto, nem foi necessário fechar o espaço aéreo para efetuar o mapeamento, tendo este teste contribuído angularmente para a deteção das causas do incidente aéreo.

AS MELHORES CÂMERAS TERMOGRÁFICAS PARA DRONES

Você está planejando fazer trabalhos de imagem térmico?
Não tem certeza de qual é a melhor câmera térmica? Precisa de alguma orientação sobre como criar um fluxo de trabalho consistente no espaço de imagens térmicas?

Revisão Zenmuse XT e Zenmuse XTR

A DJI Zenmuse XT é uma câmera termográfica de ponta desenvolvida em colaboração com a FLIR. Se forem necessárias medições de temperatura realmente precisas, a escolha é o DJI Zenmuse XTR ou o XT Radiometric. O XT-R é calibrado profissionalmente e permite que você faça uma leitura de temperatura de cada pixel na tela. Esta câmera tem uma sensibilidade térmica de 50 mK [28]; significa que a menor diferença de temperatura que a câmera pode detectar é 0,050K.
O Zenmuse XT tem uma resolução de 640x512 ou 336x256; O XT-R é significativamente mais caro que o XT. A versão de resolução mais alta custa US$ 14.000; enquanto o modelo 336, 30 Hz em torno de 9 mil reais.

Você pode emparelhar o Zenmuse XT com o Inspire.
Ou conecte o Zenmuse XT e o Zenmuse Z30 / X4S ao Matrice. Uma vez obtidas as imagens de ambas as câmeras, os resultados podem ser combinados. dados.

Escolher a lente de câmera correta é crítico e depende de sua aplicação. As opções de lentes variam de 6,8 mm a 19 mm [29]. Para modelagem e mapeamento termográfico radiométrico, sugiro escolher o maior sensor. A lente da câmera de 19 mm fornecerá a opção de zoom mais próxima; enquanto a lente da câmera de 6,8 mm possui o campo de visão mais amplo.

COMO SELECIONAR O APLICATIVO DE MAPEAMENTO CERTO PARA O SEU SERVIÇO DE DRONE.

Mapeamento e modelagem é um setor lucrativo para pilotos de drones. Juntamente com boas habilidades de mapeamento, você deve aprender como fornecer um produto impecável e apresentável.

Como você gera mapas úteis e acionáveis? Isso é possível, escolhendo o software de mapeamento certo.

Qual é o aplicativo de mapeamento certo para o seu negócio de drones?

Uma ampla variedade de plataformas de dados está disponível hoje: Pix4D, PrecisionHawk, MapsMadeEasy, Metashape e DroneDeploy são algumas das opções populares. Vamos analisar os prós e contras de cada ferramenta. Nos parágrafos seguintes, apresento as conclusões obtidas por pesquisas e testes.

Revisão Pix4D: Capacidades e Limitações

Pix4D é o padrão ouro de aplicativos de mapeamento. Você pode criar nuvens de pontos, arquivos de objetos, DSMs, DTMs e muito mais com o Pix4D. Você pode até enviar seus projetos Pix4D para a nuvem. Para realizar missões de sombreamento cruzado com uma inclinação do gimbal, o Pix4D produz excelentes resultados.

A captura Pix4D tem uma grande limitação: sua incapacidade de voar em missões maiores. Como você pode usar uma bateria, um software alternativo terá que ser usado para missões maiores, como mineração ou NDVI [30].

Outra desvantagem é o mecanismo de entrega do cliente abaixo do ideal. No Pix4D, você deve fazer um percurso mais longo e baixar um arquivo OBJ para o Sketchfab. Ou baixe um arquivo LAS para a nuvem de pontos para exibir aos clientes

O DroneDeploy é o aplicativo de mapeamento certo? Nem sempre...

DroneDeploy é uma ferramenta baseada em nuvem que tem bons usos. O *DroneDeploy* usa o mecanismo de nuvem, é uma ótima opção para fazer medições NDVI ou volumétricas. Ao contrário do Pix4D, *o DroneDeploy* possui um excelente mecanismo de entrega ao cliente.

Uma limitação do uso dessa ferramenta é que ela não pode processar mais de 2.500 imagens. Portanto, este aplicativo não é adequado para projetos de modelagem maiores. A qualidade do mapa/modelo será menor se você confiar apenas em *DroneDeploy*.

Alternativas Pix4D e DroneDeploy

Metashape da Agisoft é uma ótima alternativa ao Pix4D. Tem uma opção de nível de entrada barata e é de longe a maior competição do Pix4D. Permite realizar fotogrametria básica com este aplicativo; criar uma nuvem de pontos e modelos 3D. Metashape é uma ótima ferramenta para mergulhar na compreensão de como funciona a aquisição de dados. imagens.

Aplicativo de mapeamento de área de trabalho x nuvem

Aqui, inclino-me a favor do software de desktop. Software baseado em nuvem como o DroneDeploy tem seus usos. Mas o software baseado em desktop é a solução ideal para o processamento de grandes volumes de dados.

Uma vantagem de usar um software baseado em desktop como o Pix4D é a capacidade de fazer movimentos de câmera. A suavidade do movimento da câmera depende da potência do seu computador. Isso não é possível em ferramentas baseadas em nuvem.

Comparação de custos de aplicativos de mapeamento.

A maioria dos aplicativos de mapeamento oferece uma

pacote mensal. Avalie a vantagem do desconto optando também pelo pacote anual.

A maioria dos softwares também oferece avaliações gratuitas. Por exemplo, o Pix4D oferece uma avaliação gratuita de 2 semanas, enquanto o Metashape oferece 4 semanas gratuitas.

Pesando cuidadosamente os prós e contras para determinar se um aplicativo de mapeamento é adequado para o seu negócio é tentar diferentes estilos de aquisição: vertical, oblíquo, nadir e executá-los através do software. Esta é uma maneira completa de determinar a capacidade do software e , portanto, o aptidão. Aproveitar os testes gratuitos oferecidos por vários provedores é uma ótima maneira de se familiarizar com o aplicativo.
Um aplicativo baseado em desktop tem recursos mais altos em comparação com um aplicativo baseado em nuvem.
Um computador dedicado é necessário para modelagem e mapeamento. A execução de um aplicativo de mapeamento faz com que o processador do computador trabalhe muito. Se você tiver um computador poderoso, poderá fazer muito mais na fase de teste.

5 MELHORES PRÁTICAS PARA LIDAR COM PILOTOS NÃO LICENCIADOS

Nada dá má fama à comunidade de UAV mais rápido do que pilotos que violam todas as leis imagináveis da entidade aeronáutica e são um incômodo público no processo de posicionamento da profissão. O pior é que os pilotos remotos que possuem os certificados apropriados acabam sendo punidos pela incapacidade dos reguladores de fazer cumprir as leis que regem o espaço. aéreo.

Perder negócios para um piloto de drone não licenciado é frustrante e acontece com frequência.

Há pelo menos cinco tópicos para mitigar a frustração que acompanha este situação:

1. educar o que está fora da lei.

Com uma barreira tão baixa à entrada para colocar um drone novinho em folha no ar, existem literalmente milhares de pilotos amadores em todo o país e muitos mais em todo o mundo que não conhecem as regras. Um piloto experiente e defensor da segurança, não perde a oportunidade de educar um novo piloto e prevenir um acidente, divulgar as normas porque o maior nível de conhecimento gera conscientização e responsabilidade individual e social.

2. Divulgar o regulamento na comunidade.

Cada situação em que um piloto não licenciado consegue um emprego significa que um cliente, uma produtora, uma organização têm pouco conhecimento das consequências de operar um drone ilegalmente; ou estão minimizando-os. Com tato e cortesia, não abra mão de declarar os riscos ao contratar um piloto não autorizado a voar comercialmente.

3. manter registro todo

Quando uma ação ilegal ou insegura for observada, ela será documentada filmando a atividade não autorizada, certificando-se de conectar a aeronave ao operador, fazendo o panning do piloto e da aeronave em uma tomada contínua.
Anote a data e a hora e o local exato.

Ao alertar as autoridades, será importante ter provas concretas de qualquer atividade que possa ser considerada ilegal. No entanto, o mais importante é garantir sempre a sua própria segurança e os bens tangíveis e intangíveis da sua comunidade.

4. Notifique o escritório local da entidade aeronáutica.

Se as atividades ilegais do UAV forem conhecidas, o relatório é um dever, garantindo que todas as informações pertinentes sejam transmitidas.
Em 2017, uma comissão legislativa trabalha para incorporar as questões do século XXI no Código Penal, essas questões que invadem a sociedade e exigem uma atualização das descrições e sanções são: tráfico de drogas, corrupção, responsabilidade de pessoas jurídicas, crimes rodoviários, crimes contra o meio ambiente, genética, terrorismo e crimes informáticos.
O voo sem licença, sem seguro, sem pleno conhecimento dos regulamentos e bens que devem ser preservados durante a operação de um VANT, sem dúvida toca em vários dos itens que preocupam os legisladores como reflexo das demandas da sociedade, que busca respeito e tranquilidade.
Dissuadir quem voa sem autorização, sem pleno conhecimento técnico e jurídico, é uma ação destinada a preservar bens suscetíveis de serem danificados, claramente descrita em "Reparação de Danos" do Código Penal da República Argentina; bem como nos capítulos sobre "Lesões", "Danos", "Crimes contra a segurança dos meios de transporte e comunicação".

5. notifique a polícia local

Se a segurança pública estiver em risco, é dever do cidadão notificar a polícia local. Nesse ponto, é importante ser uma boa testemunha com a hora, as datas, a atividade ilegal ou insegura específica.

Também é importante notar que as autoridades provavelmente não estão tão atualizadas sobre os regulamentos de drones do país, então quem é um especialista no assunto deve ser um defensor da comunidade.

COMO FAZER UM INCRÍVEL DEMO-REEL DE DRONE

Editando um grande demo-reel [31] drone demo: como fazer começar

Um demo-reel bem editado pode ajudar a orientar o desenvolvimento de sua carreira na direção certa. Um bom demo-reel ajudará o cliente a visualizar o que obterá assim que o contratar. Muitas demonstrações de demonstração acabam parecendo iguais; em seguida, concentre-se em como você pode ser diferente e se destacar da multidão. Para isso, é necessário pesquisar o setor e as necessidades do cliente antes de começar a trabalhar em um demo-reel. Dar uma olhada nos vários vídeos de demonstração no *YouTube* é uma boa maneira de começar sua pesquisa.

Existem lugares interessantes que você pode fotografar? Que tal algumas dicas e truques de edição para melhorar o apelo de suas imagens de drone? Você deveria ter um demo-reel mais longo? Ou vários vídeos de demonstração categorizados por área de interesse? Fazer a si mesmo essas perguntas ajudará a gerar um impressionante demo-reel que se destaca.

Dica profissional : uma hora após o nascer do sol ou uma hora antes do pôr do sol são os melhores horários para gravar imagens para um demo-reel.

Como obter imagens para o seu demo-reel de demonstração de serviço de drone

Os novatos, apenas mergulhados na indústria de drones, não terão um portfólio grande e variado, fatores necessários para montar um impressionante demo-reel. O que você poderia fazer neste caso?
Encontrar entre seus contatos uma propriedade imobiliária particularmente impressionante que está no mercado e precisa

de mais exposição, ou uma concessionária de carros de luxo procurando aumentar seus esforços de marketing: você pode abordar e oferecer serviços gratuitos de drones em troca dos direitos de uso imagens de drones em seu demo-reel. Aqui você também estará treinando suas habilidades de negociação.

Ouça o podcast **Señor Hornero** : <u>Hornero Podcast</u> para saber como ele pode aprimorar suas habilidades de negociação. Gradualmente, à medida que você tiver a chance de fazer tomadas cada vez mais frescas, poderá fazer um novo, diferente e melhor demo-reel.

<u>Um cliente pode impedir que você use suas imagens em sua demonstração? carretel?</u>

A menos que você assine os direitos da filmagem do drone, os direitos de fotografia comercial afirmam que o operador possui os direitos da filmagem do drone. No entanto, se você fosse um funcionário de uma empresa, esta organização possui os direitos das imagens do drone.

Frequentemente, mesmo que você não tenha assinado os direitos da filmagem, o cliente pode solicitar que você se abstenha de usar a filmagem em um demo-reel. Não levar em consideração, não conceder esse pedido, prejudicará seu relacionamento com o cliente.

O que fazer neste caso? Bem, você sempre pode postar um vídeo privado no Vimeo para mostrar seu trabalho. Como você está compartilhando seu trabalho em particular com clientes em potencial, não estaria quebrando o pedido da pessoa que encomendou o trabalho. Claro, se você quiser postar o demo-reel em seu site e no YouTube para fins de SEO [32], você realmente não teria sorte em usar essas imagens.

<u>Dica Pro</u> : Quando eles enviarem ou enviarem um contrato de trabalho para você, em "Termos e Condições", inclua os direitos de fotografia comercial. Portanto, se um cliente aceitar o contrato, ao aceitar os termos e condições, você terá pleno

direito de usar o material *ex post*.

Quanto tempo dura o demo-reel?

Quando você está apenas começando, um pequeno demo-reel que dura de 2 a 4 minutos pode ser suficiente. Os pilotos avançados de drones que oferecem uma variedade de serviços diferentes podem querer considerar ter diferentes vídeos de demonstração categorizados por área, medidor ou outros critérios de classificação. No entanto, se você estiver indo para um evento de networking [33], considere um demo-reel de dez minutos cobrindo todo o seu trabalho.

Dicas e truques de edição para editar um bom demo-reel

A edição é fundamental para montar um demo-reel incrível. Uma boa edição é o que faz a diferença entre o ordinário e o extraordinário. Para se destacar da multidão, considere até mesmo ter um animador para criar uma introdução personalizada.

Se você possui habilidades de edição, adquiridas em cursos e na prática, pode fazer sua própria edição; Se não se sente tão confiante nesta área, contrate um bom editor/animador, certificando-se de que tem clareza sobre o que quer mostrar e como, para transmitir as suas necessidades ao editor.

Tudo o que os pilotos de drones precisam saber sobre como trabalhar em filmes e comerciais

Filmes e publicidade são um negócio intensamente competitivo. As produtoras estão constantemente procurando novas maneiras de melhorar sua cinematografia e impressionar o público. E tudo isso sem exceder os orçamentos.

A tecnologia drone atende a esses critérios essenciais: essa tecnologia de ponta e em constante aprimoramento também oferece enormes benefícios econômicos.

E é por isso que não é surpresa que a indústria cinematográfica, como muitas outras, tenha reconhecido rapidamente os benefícios do uso de drones. Você viu a espetacular sequência de abertura do filme de Bond, Skyfall [34]? Este filme de Daniel Craig e Javier Bardem foi o primeiro a usar drones. E então a tendência pegou rapidamente: Lobo de Wall Street, Mercenários, Capitão América: Guerra Civil... Alguns dos maiores filmes usaram drones para obter fotos que cativam e impressionam o público.

<u>Começando: dicas e truques para pilotos drones se aventurando na indústria cinematográfica</u>

Deixe-me esclarecer uma coisa: para ter sucesso no ramo do cinema, você precisa ser realmente habilidoso; e mostrá-lo de forma convincente. Criar um site atraente com algumas de suas melhores fotos e vídeos é um bom começo. Os exploradores de localização preferem sites simples nos quais possam navegar com relativa facilidade.

Edite um grande demo-reel que torna visíveis seus voos mais habilidosos; gravar assuntos dinâmicos em vez de assuntos estáticos, pois requer um conjunto de habilidades mais alto.

É viável começar com produtoras independentes que gravam vídeos corporativos ou talvez trabalhem na televisão. Então você pode subir gradualmente na cadeia. Lembre-se: leva muito tempo para fazer seu nome e, eventualmente, passar para empregos de prestígio que pagam adequadamente. Persistência é a chave. Faça também esforços consistentes de vendas e marketing: envio de e-mails, networking e presença em redes sociais são temas incontornáveis, que resultarão em um trabalho regular e remunerado ao longo do ano. ano.

Você também poderá contribuir para a geração de sua marca, inscrevendo-se nos principais festivais de cinema; competições curtas. Participar te ajuda a entrar em contato com os produtores, e coletar horas de voo, além de ensaiar tudo que você coletou na teoria.

Dica profissional: é extremamente importante manter um bom relacionamento com o escritório de licenciamento local.

Quais são as vantagens de trabalhar na indústria cinematográfica?

Se o seu objetivo não é apenas sobreviver, mas ganhar o suficiente para levar uma vida gratificante nesta profissão, você deve almejar empregos de alto lucro e emocionalmente satisfatórios.

Na indústria cinematográfica, sempre haverá requisitos de imagens aéreas, então você pode ganhar e a produção pode ganhar. Em primeiro lugar, um drone é capaz de voar muito mais perto do solo em comparação com um helicóptero. Um helicóptero cria muita lavagem do rotor e, portanto, uma distância maior deve ser mantida.

Devido a isso, fotos muito melhores e íntimas podem ser obtidas com um drone.

Além da qualidade do vídeo, é muito mais barato filmar com um drone.

No entanto, nem tudo são rosas. Existe alguma desvantagem que os pilotos de drones devam estar cientes?

Infelizmente, apesar de financeiramente lucrativa, a indústria do cinema tem uma cultura de trabalho que muitos podem achar difícil de engolir.

Uma cultura altamente nepotista está profundamente enraizada no DNA da indústria cinematográfica. Portanto, entrar nesse setor exigirá uma quantidade considerável de networking, um caráter moderado, paciente e rígido.

Você também pode ter que se afastar da família se realmente quiser trabalhar no cinema.

COMO GRAVAR E RASTREAR SEUS VOOS DE DRONE

Quais são as vantagens de gravar os dados do seu voo?

Além da segurança do espaço aéreo, o registro de dados de voo também tem outros usos.

A saber:

- Seguro de responsabilidade mais barato: Ser um piloto operacional seguro, com excelentes processos e sistemas, com dados de voo para respaldá-lo, será recompensado pelo esforços.
- Melhor marketing: como o licenças

emitidas por entidades aeronáuticas disparam, a concorrência na indústria de drones se intensificou enormemente. Isso é particularmente verdadeiro para setores iniciantes, como imóveis e fotos de casamento. Então, uma forma de se destacar é destacando as horas de voo. Isso é conseguido mantendo um registro eletrônico.

- Manutenção: à medida que começa a obter cada vez mais clientes, você terá uma agenda mais movimentada, o que significa voar o ano todo. Você provavelmente acabará tendo vários sistemas de drones.

Você vai se lembrar exatamente quando precisa trocar seus acessórios? Ou quando você precisa encomendar novas baterias? Provavelmente não. Nesse cenário, é melhor usar um registro eletrônico para acompanhar os imperativos de manutenção.

Mantenha um registro eletrônico ou um registro em papel de rastreamento de voo?

Essa é outra pergunta que os pilotos de drones costumam fazer a si mesmos. Muitas pessoas citam segurança de dados, compartilhamento de dados e facilidade de uso como motivos para manter registros em papel. Vamos detalhar cada uma dessas razões para ver se há algum mérito nelas.

Registros eletrônicos são softwares baseados em nuvem.
O compartilhamento de dados é muito mais fácil quando um registro eletrônico é usado em vez de um registro em papel. Os dados podem ser impressos quando solicitados. A facilidade de uso é outra grande vantagem do uso de registros eletrônicos. Seus dados de voo são carregados automaticamente e as informações acionáveis estão disponíveis para visualização em um formato fácil de entender.

<u>Quais são as vantagens de usar software e não papel? rastrear meus dados de voo?</u>

Todos os dados de voo já estão armazenados no seu drone DJI. Alguns dados que podem ser acessados com este método:

- Análise de bateria
- mapas de sensores
- painel de controle voar
- Relatórios de cálculo vento

Esses dados podem ser inestimáveis, especialmente ao voar em condições de alto risco.

Uma análise detalhada da bateria destacará parâmetros como tempo de voo mais longo, temperatura mais alta da bateria e vida útil potencial da bateria. Por exemplo, se você mudou para acessórios de fibra de carbono, pode obter uma visão detalhada de quanto tempo de voo está sacrificando para aumentar a velocidade.

ARMAZENAMENTO DE ARQUIVOS E SOLUÇÕES DE FLUXO DE TRABALHO DE PROCESSO PARA PILOTOS DE DRONES PARA EVITAR PERDA DE DADOS

Freqüentemente, os pilotos de drones perguntam sobre o fluxo de trabalho do processo e o armazenamento de arquivos. Este é um aspecto do negócio de drones que muitas vezes é ignorado. A consequência é a perda de horas e, no pior dos casos, a perda de dados.

Neste capítulo, sugiro duas abordagens para o armazenamento de arquivos: uma abordagem instável para quem tem um orçamento apertado e uma abordagem de última geração.

Abordagem # 1: A Abordagem Desleixada

Se você é iniciante e está com um orçamento baixo, esta é uma ótima solução.

Para começar, você pode considerar ter discos rígidos separados para projetos separados. Ou talvez um disco rígido separado para cada trimestre. Isso permitirá que você armazene cronologicamente e pesquise facilmente quando precisar.

Se você tiver dados de vários projetos armazenados em uma única unidade, ter pastas separadas para diferentes projetos ajudará a manter os dados bem organizados.

Dentro da pasta, organize diferentes subpastas, bem identificadas. Por exemplo, você pode separar filmagens feitas por câmeras diferentes em pastas diferentes; ou organize a filmagem de acordo com as atividades: A roll, B roll, entrevistas, etc.

Depois de organizar o despejo de dados na unidade, você precisará revisar TODAS as suas filmagens. E atribuir tags. Rótulos codificados por cores para facilitar o acesso, quando você deseja encontrar o que provavelmente usará em um vídeo de apresentação final, um semáforo para atender a essa biblioteca nascente e crescente.

Feito isso, você pode enviar o conteúdo para o Dropbox. Certifique-se de que as permissões de compartilhamento estejam definidas corretamente ao compartilhar arquivos com seu editor ou outros. O editor fará as alterações e enviará a versão editada final para o Dropbox.

Abordagem #2: A abordagem mais avançada para o armazenamento de arquivo

A primeira abordagem é uma abordagem alternativa. E como você está economizando no investimento inicial, há algumas limitações sérias com as quais você terá que lidar. Por exemplo, mesmo se você fizer backup de seus cartões SD [35] no disco rígido, o disco rígido poderá falhar e os dados serão perdidos. dados.

Uma abordagem mais segura, embora mais cara, envolve o uso de unidades como as da Synology e Drobo para fazer backup de dados. Enquanto os drives Synology são adequados para as necessidades de rede, o DROBO [36] é ideal para arquivamento. Especialmente, se você estiver fazendo muito trabalho; É aconselhável fazer este investimento.

Uma unidade Drobo é uma unidade Raid [37]. Uma unidade Raid pode ser vinculada a um computador para tornar as imagens acessíveis imediatamente e permite a edição local sem demora. Ao usar uma unidade RAID, todos os dados têm backup duplo.

Conecte o DROBO ao computador.

Se você usar uma máquina com Windows e USB 2.0, a transferência de dados levará muito tempo. Por isso é importante ter USB 3.0 ou Thunderbolt ao usar o DROBO. A transferência de dados com USB 3.0 é dez vezes mais rápida em comparação com USB 2.0.

Para necessidades de rede, recomendo Synology. As velocidades de upload para Synology são extremamente rápidas em 1000 Mbps.

Por fim, o bom senso determina que você também faça backup de seus dados em um local físico separado. E não sobrecarregue o computador com dados ou ele irá travar.

ARMAZENAMENTO DE DADOS DE DRONES | PCS, DISCOS RÍGIDOS, PLACAS GRÁFICAS E MUITO MAIS...

Onde eu guardo tudo isso? - Configurações de armazenamento e edição de dados de drones para pilotos profissionais de drones

<u>Discos rígidos para armazenamento de dados de drones</u>

À medida que avança no serviço de drones, você desejará se equipar com equipamentos profissionais. Será benéfico para você ter um computador de primeira linha para edição. O armazenamento seguro de dados de drones para vídeos também é extremamente importante. Essa carreira é cara e você vai querer economizar o máximo de dinheiro possível ao longo do caminho (especialmente se estiver com um orçamento apertado). Aqui estão algumas recomendações para economizar dinheiro em equipamentos de informática quando você começar.

<u>Avalie as necessidades do seu negócio</u>

Você precisará decidir, desde o início, se se beneficiaria mais de uma configuração de computador móvel ou de um mesa.
Como os pilotos profissionais de drones costumam trabalhar nas ruas, estradas, viajando para shows regularmente, muitos de nós preferem trabalhar em um laptop. Outras pessoas planejam retornar à mesma área de trabalho toda semana e preferem ter uma configuração de área de trabalho para editar suas imagens. Ajudará você a tomar decisões que visualizem seu projeto, desejos e personagens pessoais, antes de investir em equipamentos e gastar dinheiro.

<u>atualizar ram</u>

Quer você trabalhe em um computador móvel ou estacionário, o disco rígido nunca terá memória suficiente. Comprar um computador recondicionado e carregá-lo com RAM será uma maneira menos dispendiosa de melhorar a velocidade de processamento. A última coisa que você quer fazer é ficar sentado esperando que sua filmagem carregue enquanto você edita. Atualizar sua RAM ajudará a otimizar o desempenho do seu computador e manter seu negócio funcionando sem problemas.

Placas gráficas são fundamentais

Ao gravar vídeos com drones profissionalmente, você deve garantir que a filmagem tenha uma boa aparência onde quer que ela termine. Afinal, o problema com o vídeo é que ele nem sempre parece o mesmo em todos os monitores. Se a exibição de cores for ruim em seu computador, você corre o risco de fazer vídeos que ficam bem em seu monitor, mas não são traduzidos corretamente nos monitores dos clientes. Para reduzir o risco, recomendo configurar-se com uma placa gráfica sólida e certificar-se de que as cores estejam calibradas corretamente.

Faça backup dos seus backups

Isso deveria ser óbvio, mas o componente mais importante do seu serviço (além dos drones) é o sistema de armazenamento. Sua carreira como piloto profissional de drone depende de ter um portfólio de fotografia aérea e vídeo disponível o tempo todo.

Um equívoco é que você sempre precisa de uma unidade de estado sólido em uma configuração RAID para garantir que a filmagem do drone seja arquivada da melhor maneira possível;

No entanto, existem opções: NAS [38] oferece um sistema que permite armazenar vários discos rígidos em um só lugar (essencialmente como um computador em rede). Ele fornece muitos TB de espaço por pouco dinheiro. Embora isso possa parecer um grande investimento para muitos de nós, isso é exponencialmente menor do que você pagaria para comprar a mesma quantidade de espaço em disco rígido de estado sólido.

OS CARTÕES SD PODEM SER CORROMPIDOS? COMO FAÇO PARA EVITAR ISSO?

O que faz com que um cartão Micro SD seja corrompido? Como eu evito isso?

Quando você teve um ótimo dia voando ao ar livre; você chega em casa e todo mundo animado para ver suas fotos, você pega seu cartão SD, apenas para descobrir que perdeu todos os seus dados. O que poderia ter sido um dia fantástico acabou sendo terrível....

Uma certa prudência e planejamento antecipado podem garantir que você não acabe com um cartão micro SD corrompido. Neste capítulo, forneço algumas dicas práticas que o ajudarão a evitar esse problema.

Escolhendo um cartão Micro SD com a velocidade correta

É muito importante escolher o cartão SD certo. Resumindo, um cartão que possui uma velocidade de escrita e leitura rápida o suficiente para editar sem problemas e sem problemas de transferência de dados. Minha recomendação é usar um cartão SD com uma velocidade mínima de gravação de 90 Mbps. Agora, uma palavra de cautela aqui; Não confunda MegaBytes (MB) com MegaBits (MB).

porque 1MB = 8MB

Portanto, se arredondarmos a velocidade de gravação para 100 Mbps, isso se traduz em aproximadamente 12,5 MB/s. Agora, a linha Phantom pode filmar em 4K a 60fps a no máximo 100Mbps.

Para cartão SD, escolha um que esteja marcado como "UHS" ou "Ultra High Speed". Os cartões UHS vêm em duas gerações: UHS-I e UHS-III. Além disso, os cartões UHS podem ser classificados em 4: 2, 4, 8 e 10. A velocidade mínima de gravação

de um cartão UHS-I (Classe 10) é de 10 MB/s.
Enquanto a velocidade mínima de gravação para um cartão UHS-3, V30 é de 30 MB/s.

Recentemente, a associação SD lançou sua nova e mais rápida classe de velocidade: *Video Speed Class.* Você verá um "V30" ou "V10" em negrito impresso no cartão UHS. Classes de velocidade mais altas de V60 (velocidade mínima de gravação: 60 MB/s) e V90 (velocidade mínima de gravação: 90 MB/s) também estão disponíveis. Mas esses elementos são um pouco excessivos para nossas aplicações.

Qual é o tamanho correto para o seu cartão Micro SD?

Eu estava verificando vários fóruns online e descobri que os pilotos de drones estão usando cartões que variam de 16 GB a 256 GB. A DJI recomenda cartões de 64 GB para seus drones. Cartões maiores que 128 GB não são suportados e têm alta probabilidade de corrupção. Um cartão de 16 GB é muito pequeno se você estiver gravando em 4K a 60 fps. Não recomendo usar um cartão de 256 GB pelo simples motivo de que, se o cartão estiver danificado, você poderá perder todos os seus dados. Lembrete: para usar um cartão UHS-1, é necessário um dispositivo compatível com UHS

Os dados podem ser recuperados se o cartão Micro SD está danificado?

O que você faz se o seu cartão SD for danificado apesar de tomar todas as precauções necessárias? Bem, se o cartão ainda funcionar, há boas chances de você recuperar os dados.

Caso o cartão SD não funcione, você precisará enviá-lo para uma empresa de recuperação de dados.

EPÍLOGO

Prezados leitores, a ideia deste livro é fornecer a vocês sólidas ferramentas técnicas, bem como uma perspectiva da consciência social e comunitária quanto ao conhecimento e cumprimento das leis, especialmente as aeronáuticas.

Não poderia encerrar este manual, sem deixar claro que a segurança é a prioridade; Não importa o quão relevante ou artístico seja realizar uma tomada aérea ou o quão exigente seja um cliente, a primeira coisa é a segurança, e ao mesmo tempo me posiciono para ter todos os documentos pertinentes para uma operação aérea 100% legal .

O mundo do século 21 está em constante mudança, é uma frase com a qual estamos familiarizados e até entediados de ouvir; Este manual tenta contemplar essas mudanças que estão por vir, e por isso foram escolhidos exemplos e conceitos genéricos, que serão úteis por muitos anos depois de ler este livro pela primeira vez.

Minha busca pessoal e corporativa com o **Señor Hornero** é gerar espaços de reflexão, debate e conscientização, para que deixemos de ser surdos ou olhar para o outro lado quando se trata de voar, trabalhando fora do marco legal vigente.

É comum ver pilotos de drones sem as devidas autorizações, e dentro destas, existe um subgrupo que opera com intuito de espionagem e/ou assédio; isso é prejudicial para a sociedade e para o trabalho legítimo; Por estas situações, senti-me motivado a escrever este manual, uma espécie de base que espero dure por vários anos, que contribua para o conhecimento público, e para ganhar espaços de divulgação e discussão, mas também para criar limites a quem quiser para quebrar as regras. Já que " *os vivos* " que trabalham sem documentação, o que eles geram é a proposta de uma nova forma de insegurança. Está na hora dos pilotos serem responsáveis com os nossos equipamentos e com os nossos trabalhos, bem como dos cidadãos saberem identificar uma pessoa que está a trabalhar e uma pessoa que está a infringir deliberadamente a lei para benefício próprio.

Procuro nesta comunicação, assim como na minha vida, agir com solidariedade e respeito, pois entendo que a solidariedade é um valor humano que pode ser interpretado como uma obrigação ou direito, agir contra a violação de direitos é um ato que beneficia todos nós, porque mesmo aqueles interesses que hoje nos impressionam como alienígenas, neste mundo global, terão um efeito sobre nós em algum momento.

Referências

(1) Dados ou informações confiáveis que servem para conhecer ou avaliar as características e intensidade de um evento ou para determinar sua evolução futura.
(2) Inteligência emocional e organizações, Díaz 1998.
(3) prática regular _
(4) Quando os hábitos são internalizados, você não precisa refletir para repeti-los adequadamente.
(5) Veículo aéreo não tripulado _ _
(6) Administração de Aviação Civil (ARGENTINA)
(7) Definição, epidemiologia e etiologia da obesidade em crianças e adolescentes; klishW; 2019
(8) Vício em açúcar: é real? Uma revisão narrativa; Di Nicolantonio J; British Sport Medicine 2017.-
(9) Fluidoterapia de manutenção e reposição em adultos; Termos R, 2019
(10) O ponto de orvalho : a temperatura máxima à qual o vapor de água contido no ar começa a condensar-se, produzindo orvalho, névoa, qualquer tipo de nuvem ou, se a temperatura for suficientemente baixa,

geada.
(11) Lipo; LIP ou LiPoli: é o nome das baterias de polímero de lítio, que se caracterizam por serem leves e armazenar uma grande carga de energia.
(12) gimbal _ _ É um componente mecânico que permite unir dois eixos não colineares para gerar movimento rotacional de um eixo para outro.
(13) Tensão (do grego σφίξτε e do latim *stringere* , **que significa "causar tensão "**) **de** um material: refere-se ao fato de que a pressão externa aplicada a algum material ou objeto e a conseqüente tensão ou distorção. Se a tensão no material não exceda seus limites de elasticidade, então o material permanecem inalterados ; mas se você trabalhar fora desses limites , o material quebrará.
(14) LEED: Liderança em Energia e Design Ambiental
(15) ROI: retorno sobre o investimento
(16) BVLOS: além da linha de visão visual
(17) Gaiola de Faraday: caixa de metal que protege de campos elétricos estáticos . Deve seu nome ao físico Michael Faraday, que construiu um em 1836. para proteger de descargas elétricas , pois dentro dele o campo elétrico é zero.
(18) Espectrômetro : mede o estado de polarização eletromagnética.
(19) Empresa global sediada em San José , Califórnia , Estados Unidos, dedicada principalmente à fabricação , venda , manutenção e consultoria de equipamentos de telecomunicações.
(20) Mortes na Argentina por acidentes de trânsito em 2019: 6.627; média diária: 19. (Fonte: ONG Vamos lutar pela vida)
(21) Reconstrução de cenas de acidentes de trânsito : store.dji.com/en/guides/2019/05/20/reconstructing-accident-scenes-with-drones/
(22) https://www.revistaautocrash.com/drones-innovan-la-reconstruccion-accidentes-transito/
(23) Mapeamento forense de cenas de trânsito e crimes ; Lic Gustavo Enciso UNN, Lic Copetti, professor do CEIRAT.
(24) Hidrocarboneto de alceno, como um gás com odor semelhante ao da nafta. Carcinogênico IARC Grupo 1 (cancerígeno para humanos)
(25) Gás com odor irritante, produz queimaduras na pele, irritação nos olhos e irritação das vias respiratórias . Na exposição crônica , a IARC (agência internacional de pesquisa em câncer) a classifica no grupo 3: ainda não classificado.
(26) http://avherald.com/h?article=4a5ecf6a
(27) Acrônimo em inglês para National Transportation Safety Board.
(28) Milikelvin, unidade de temperatura. 1 º C = 274,15 º K. Milikelvin, é um milésimo do Kelvin.
(29) mm das lentes da câmera : indica a distância focal, a distância do centro óptico da lente (focada ao infinito) ao sensor da câmera (no caso de uma câmera digital) ou ao filme (em uma câmera analógica). A distância focal determina o ângulo de visão : quanto maior a distância focal, menor será o

ângulo de visão e os objetos parecerão maiores.
(30) Índice de vegetação de diferença normalizada.
(31) Currículo, portfólio ou apresentação de vídeo feito com a finalidade de divulgar seu trabalho, projetos ou serviços.
(32) Conjunto de ações destinadas a melhorar o posicionamento de um site na lista de resultados do Google, Bing ou outros motores de busca da Internet.
(33) Anglicismo usado no mundo dos negócios para se referir a uma atividade socioeconômica na qual profissionais e empreendedores se unem para formar relações comerciais, criar e desenvolver oportunidades de negócios, compartilhar informações e buscar clientes em potencial.
(34) 007 - Operação Skyfall – filme de 2012
(35) Segurança digital: **cartão memória para dispositivos portáteis**.
(36) A Drobo é fabricante de vários dispositivos de armazenamento externo para computadores. Eles são feitos de diferentes tipos, incluindo dispositivos DAS, SAN e NAS.
(37) Redundant Array of Independent disks: grupo/array redundante de discos independentes, refere-se a um sistema de armazenamento de dados que utiliza múltiplos drives (HDs ou SSDs), entre os quais os dados são distribuídos ou replicados.
(38) **Armazenamento conectado à rede.**

www.ingramcontent.com/pod-product-compliance
Lightning Source LLC
Chambersburg PA
CBHW070257220526
45465CB00004B/1645